Luis Antonio Tortajada Genaro

# Iniciación al análisis químico en alimentos. Manual de laboratorio

**edUPV**

Universitat Politècnica de València

Colección *Académica* http://tiny.cc/edUPV_aca

Para referenciar esta publicación utilice la siguiente cita:
Tortajada Genaro, Luis Antonio (2024). *Iniciación al análisis químico en alimentos. Manual de laboratorio.* edUPV



© 2024, edUPV
*Venta:* www.lalibreria.upv.es / Ref.: 0232_04_01_01

ISBN: 978-84-1396-231-3
Depósito Legal: V-911-2024

Imprime: Byprint Percom, S. L.

Si el lector detecta algún error en el libro o bien quiere contactar con los autores, puede enviar un correo a edicion@editorial.upv.es

edUPV se compromete con la ecoimpresión y utiliza papeles de proveedores que cumplen con los estándares de sostenibilidad medioambiental https://editorialupv.webs.upv.es/compromiso-medioambiental/



Impreso en España

# Prólogo

El presente libro pretende ser un texto de apoyo al trabajo experimental dirigido al alumnado universitario que cursa alguna asignatura relacionada con el Análisis Químico, especialmente orientada al ámbito de la Ciencia y Tecnología de Alimentos.

Las prácticas de laboratorio desempeñan un papel fundamental en la consolidación de los conceptos teóricos impartidos en las aulas. Al permitir a los estudiantes experimentar directamente con los principios y teorías que han aprendido, las prácticas fomentan un entendimiento más profundo y duradero de los conceptos científicos. Además, proporcionan un espacio invaluable para el desarrollo de habilidades prácticas, promoviendo la destreza técnica y la capacidad para aplicar el conocimiento en situaciones del mundo real. Estas prácticas no solo son cruciales para la formación académica, sino que también desempeñan un papel esencial en la preparación de profesionales competentes y capacitados. Más allá de la esfera educativa, las prácticas de laboratorio son una vía directa para abordar los Objetivos de Desarrollo Sostenible (ODS), ya que contribuyen a la formación necesaria para enfrentarse los desafíos globales con soluciones innovadoras y basadas en evidencia científica. En este sentido, el compromiso con las prácticas de laboratorio propuestas no solo enriquece la experiencia académica, sino que también moldea profesionales que están preparados para contribuir de manera significativa a un mundo más eficiente y sostenible.

El contenido del libro es un capítulo de introducción al laboratorio químico, cuatro unidades experimentales de laboratorio y una unidad para tratamiento de datos apoyada en un programa estadístico. En el primer capítulo, se describen los procedimientos específicos que rigen el laboratorio, incluyendo aspectos sobre seguridad, etiquetado y manipulación de reactivos, gestión de residuos, preparación de disoluciones, representación gráfica y expresión de resultados. Cada unidad experimental contiene una breve introducción teórica, la formulación de los objetivos que se pretenden alcanzar, la descripción de las actividades a desarrollar durante la sesión y los resultados experimentales. Se complementa con una propuesta de ejercicios de autoevaluación que el alumno/a deberá resolver fuera del laboratorio y una recomendación bibliográfica suficiente para abordar los aspectos teóricos y prácticos contemplados en el temario de la asignatura. Destacar que en todas las unidades las metodologías empleadas permiten el estudio de muestras de alimentos y problemáticas de interés en diferentes sectores del campo alimentario. Además, este libro está diseñado para facilitar el aprendizaje autónomo de los/as alumnos/as.

Agradecer las aportaciones y buen oficio de la Unidad Docente de Química Analítica. Su trabajo ha servido como pilar fundamental para la creación de una versión actualizada de algunas prácticas y ha servido como inspiración para nuevas actividades experimentales.

# Índice


Prólogo ............................................................................................................. I

Índice ............................................................................................................... III

1. Introducción al laboratorio químico ......................................................... 1

    1.1. Descripción general ............................................................................... 1

    1.2. Seguridad en el laboratorio .................................................................. 2

        a) Normas generales de seguridad .......................................................... 2

        b) Etiquetado de los productos químicos ............................................... 3

        c) Uso de productos químicos con seguridad ......................................... 4

        d) Residuos ............................................................................................... 6

        e) Protocolos de emergencia .................................................................... 6

    1.3. Procedimientos habituales de laboratorio ............................................ 7

        a) Tipos de procedimientos ...................................................................... 7

        b) Preparación de disoluciones de concentración conocida a partir de un sólido ................... 7

        c) Preparación de disoluciones de concentración conocida a partir de una disolución líquida ............................................................................ 8

        d) Representación gráfica de los datos experimentales ........................... 8

        e) Ajuste de datos experimentales ........................................................... 9

    1.4. Expresión de resultados ......................................................................... 9

        a) Rechazo de valores anómalos ............................................................. 9

        b) Cifras significativas .............................................................................. 10

2. Calibración. Determinación de metales en café soluble mediante fotometría de emisión atómica ............................................................................................................ 13

   2.1. Introducción ................................................................................................... 13

   2.2. Objetivos ......................................................................................................... 16

   2.3. Parte experimental ........................................................................................ 16

      a) Material y reactivos .................................................................................... 16

      b) Preparación de disoluciones ..................................................................... 17

      c) Procedimiento ............................................................................................ 17

      d) Cálculos ...................................................................................................... 18

   2.4. Resultados ....................................................................................................... 20

   2.5. Cuestiones avanzadas .................................................................................... 22

   Bibliografía ............................................................................................................. 22

3. Estudio del tratamiento de muestra. Determinación de fósforo en leche ............ 23

   3.1. Introducción ................................................................................................... 23

   3.2. Objetivos ......................................................................................................... 25

   3.3. Parte experimental ........................................................................................ 25

      a) Material y reactivos .................................................................................... 25

      b) Preparación de patrones y reactivos ........................................................ 26

      c) Procedimiento ............................................................................................ 26

   3.4 Resultados ........................................................................................................ 27

   3.5. Cuestiones avanzadas .................................................................................... 28

   Bibliografía ............................................................................................................. 29

4. Análisis cualitativo. Métodos rápidos para muestras de interés agroalimentario .......... 31

   4.1. Introducción ................................................................................................... 31

   4.2. Objetivos ......................................................................................................... 33

   4.3. Parte experimental ........................................................................................ 34

      a) Material y reactivos .................................................................................... 34

      b) Métodos basados en tiras reactivas y biosensores ................................... 35

      c) Análisis cualitativo de aniones y cationes en vinos y salmueras .............. 36

      d) Detección de aditivos en productos cárnicos ........................................... 40

   4.4. Resultados ....................................................................................................... 40

   4.5. Cuestiones avanzadas .................................................................................... 41

   Bibliografía ............................................................................................................. 42

5. Análisis cuantitativo. Determinaciones cuantitativas de interés bromatológico ............43

    5.1. Introducción ................................................................................................43

    5.2. Objetivos ...................................................................................................47

    5.3. Parte experimental ....................................................................................48

        a) Material y reactivos ...............................................................................48

        b) Preparación de disoluciones .................................................................48

        c) Procedimiento .......................................................................................48

        d) Cálculos ...............................................................................................50

    5.4. Resultados .................................................................................................52

    5.5. Cuestiones avanzadas ................................................................................54

    Bibliografía .......................................................................................................55

6. Tratamiento de datos generados por métodos químicos ........................................57

    6.1. Introducción ...............................................................................................57

    6.2. Objetivos ...................................................................................................59

    6.3. Parte experimental ....................................................................................59

        a) Caso 1.- Expresión de un resultado .......................................................59

        b) Caso 2.- Tamaño muestral .....................................................................60

        c) Caso 3.- Comparación con valor de referencia ........................................61

        d) Caso 4.- Comparación entre experimentos independientes ......................62

        e) Caso 5.- Comparación entre experimentos pareados ...............................63

    6.4. Resultados .................................................................................................64

    6.5. Cuestiones avanzadas ................................................................................66

    Bibliografía .......................................................................................................66

# 1

# Introducción al laboratorio químico

## 1.1. Descripción general

El laboratorio es el epicentro de descubrimientos, aprendizaje y experimentación de la ciencia. En el contexto de un laboratorio químico, la seguridad y los protocolos son los pilares fundamentales que garantizan un ambiente propicio para la experimentación precisa y sin riesgos. Este capítulo nos introduce en los procedimientos específicos que rigen el laboratorio de análisis químico desde al ámbito académico al industrial.

La gestión segura de un laboratorio implica cumplir rigurosamente los protocolos destinados a salvaguardar la integridad de los investigadores, las instalaciones y el entorno circundante. Se destacarán las directrices de seguridad esenciales, subrayando la importancia de la conciencia constante y la responsabilidad individual en la prevención de riesgos. Las prácticas seguras en el laboratorio incluyen desde el manejo cuidadoso de sustancias químicas hasta la adecuada utilización de equipos de protección personal. Posteriormente, se enfocará en la importancia de la calibración de instrumentos, la validación de resultados y la interpretación crítica de datos, destacando cómo estas etapas son esenciales para obtener conclusiones científicamente robustas. A lo largo del capítulo, se abordarán estrategias que rigen la calidad de los datos y la validez de los resultados generados. Por lo tanto, este capítulo sirve como hoja de ruta esencial para adentrarse en el fascinante mundo del análisis químico de manera segura y metódica.

En cualquier sesión en un laboratorio químico hay algunas consideraciones y conocimientos son cruciales para establecer una base sólida y segura para la experimentación.

- Normas de seguridad: familiarizarse con las normas de seguridad del laboratorio, incluyendo la ubicación de equipos de seguridad, salidas de emergencia y extintores. Conocer el manejo de equipos de protección personal, como gafas de seguridad, guantes y bata de laboratorio.

- Símbolos de seguridad: entender los símbolos de seguridad y etiquetas de sustancias químicas que indican peligros potenciales.

- Protocolos de emergencia: saber cómo actuar en caso de un incidente o emergencia, como derrames químicos o fuegos.

- Ubicación y uso de equipamiento: conocer la ubicación y el uso adecuado de equipos comunes ej. balanzas.

- Manipulación de sustancias químicas: aprender las técnicas seguras de manipulación de sustancias químicas, incluyendo la manera adecuada de verter, medir y diluir.

- Eliminación de residuos: comprender los procedimientos para la correcta eliminación de residuos químicos y conocer la ubicación de los contenedores de residuos.

- Etiquetado y registro: aprender a etiquetar adecuadamente frascos y contenedores, y mantener un registro preciso de las actividades realizadas.

- Procedimientos experimentales básicos: familiarizarse con procedimientos experimentales básicos y seguir las instrucciones del protocolo del laboratorio.

- Trabajo en grupo: entender la importancia del trabajo en grupo y la colaboración, compartiendo responsabilidades y comunicándose efectivamente con los participantes de la sesión.

- Respeto por el entorno: desarrollar un respeto por el entorno del laboratorio, cuidando los equipos y utensilios, y manteniendo un área de trabajo limpia.

## 1.2. Seguridad en el laboratorio

### A) Normas generales de seguridad

El alumno que entra en un laboratorio de Química debe tomar una serie de precauciones para preservar su seguridad y la de sus compañeros. Como regla general deben tenerse en cuenta las siguientes normas:

- En el laboratorio está terminantemente prohibido hacer experimentos por cuenta propia.

- Se deberá prestar la máxima atención a las explicaciones que dará el profesor al comienzo de cada sesión de prácticas, tomando cada estudiante las notas que estime necesarias.

- El alumnado no se ausentará de su puesto de trabajo cuando tengan alguna experiencia en marcha. La responsabilidad será enteramente suya si por hacerlo ocurre algún percance.

- Antes de comenzar a trabajar en el laboratorio se debe conocer donde se encuentran las salidas al exterior, los extintores y el material de seguridad; además, debe conocerse el plan de evacuación.

- El profesor responsable deberá ser informado inmediatamente de cualquier accidente, herida, explosión o fuego que ocurra en el laboratorio.

- Los efectos personales, abrigos, paraguas, bolsos, etc., deben dejarse en los lugares destinados para ello y no esparcidos por el laboratorio.

- Las mesas de trabajo deben estar limpias y en ellas no debe haber productos químicos, teléfonos móviles, libros o accesorios innecesarios para el trabajo que en ellas se está realizando. Lo que no es para uso inmediato ha de estar guardado.

- En el laboratorio no está permitido: comer, fumar, mascar chicle, etc.

- Las manos deben lavarse como mínimo al inicio y final de los trabajos, así como después de toda operación que haya comportado un posible contacto con material irritante, cáustico o tóxico.

- Los alumnos deben asistir al laboratorio con sus propias batas y gafas de seguridad.

- El uso de lentillas (lentes de contacto) en el laboratorio está desaconsejado ya que pueden atrapar vapores peligrosos y dañar el ojo. Además, en el caso de salpicaduras en los ojos, puede ser difícil quitarlas lo suficientemente rápido para evitar daño a los ojos. Siempre que sea posible, usar gafas normales. Si las lentillas son necesarias, deben utilizarse las gafas de seguridad.

- El pelo estará siempre recogido, y no se llevarán pulseras, colgantes, mangas anchas, bufandas, prendas sueltas, etc., ni sandalias u otro tipo de calzado que deje el pie al descubierto.

- Se mantendrá el máximo orden y limpieza posibles dentro del laboratorio.

## B) Etiquetado de los productos químicos

Desde el año 2010 está en vigor el Sistema Globalmente Armonizado de Clasificación y Etiquetado de Productos Químicos (SGA). Éste es un Reglamento de la Organización de las Naciones Unidas para garantizar un elevado nivel de protección de la salud humana y del medio ambiente, así como la libre circulación de sustancias químicas, mezclas y ciertos artículos específicos. Con ello se pretende solventar los inconvenientes e inseguridad que generaba el que una misma sustancia se clasificara y etiquetara de distinta forma en diferentes países.

Con la entrada en vigor del SGA, en la etiqueta del producto debe aparecer una serie de palabras de advertencia que indican el nivel relativo de gravedad de los peligros, seguidas por un número que identifica el peligro o prudencia, de este modo se pretende alertar al lector de la existencia de un peligro potencial. Las advertencias se clasifican en dos:

- Indicaciones de peligro (Hazard statements: frases H), asociadas a las categorías más graves. Son frases que, asignadas a una clase o categoría de peligro, describen la naturaleza de los peligros de una sustancia o mezcla peligrosa, incluyendo, cuando proceda, el grado de peligro. Se agrupan según peligros físicos, peligros para la salud humana y peligros para el medio ambiente (en el Anexo I se pueden ver indicaciones de peligro asociadas a algunos reactivos). Además de las frases de advertencia, en la etiqueta se indican los peligros con un pictograma de seguridad; hay un total de 9 asociados a 10 categorías de peligro (Figura 1).

- Consejos de prudencia o atención (Precautionary statements: frases P), asociadas a las categorías menos graves. Los consejos de prudencia son frases que describen la medida o medidas recomendadas para minimizar o evitar los efectos adversos causados por la exposición a una sustancia o mezcla peligrosa durante su uso o eliminación. Se agrupan en consejos de prudencia generales, de prevención, de respuesta y de almacenamiento y eliminación.

### C) Uso de productos químicos con seguridad

- Etiquetas: las etiquetas de los reactivos deben leerse con cuidado, asegurándose cuál es su contenido y concentración. Los pictogramas que aparecen en el etiquetaje de los frascos de reactivos informan de su posible peligrosidad. Además, se deben etiquetar adecuadamente todos los recipientes a los que se haya trasvasado algún producto o donde se hayan preparado mezclas, identificando su contenido.

- Vapores y gases. Debe evitarse inhalar vapores. Cuando sea necesario oler un producto químico, el recipiente que lo contiene se pondrá lejos de la cara, y los vapores se dirigirán hacia la nariz con la mano, oliendo con suavidad.

- Gafas de seguridad. Deben utilizarse siempre que se manejen ácidos o bases fuertes y también cuando se manejen líquidos de cualquier tipo a ebullición.

- Vitrinas. Utilizar siempre vitrinas de gases para todas aquellas operaciones en las que se manipulen sustancias no innocuas o para aquellas operaciones que generen vapores tóxicos o manipulen sustancias volátiles.

- Manipulación. Las pipetas siempre deben utilizarse con una propipeta (o similar). Al calentar material de laboratorio, debe orientarse de forma que no alcance a nadie en el caso de que se produzca alguna proyección. Cuando haya que diluir algún ácido, éste se añadirá lentamente sobre agua, y no al revés. Cuando tengamos que trasvasar un líquido de un recipiente a otro deberemos utilizar un embudo. Todos los recipientes deben cerrarse después de su uso.

**Peligro físico**

**Explosivos**

Productos que pueden explotar al contacto con una llama, chispa, electricidad estática, bajo efecto del calor, choques, fricción.

**Inflamables**

Productos que pueden inflamarse al contacto con una fuente de ignición (llama, chispa, electricidad estática...) y productos que pueden inflamarse por calor o fricción, por contacto con aire o agua, o si se liberan gases inflamables.

**Comburentes**

Productos que pueden provocar o agravar un incendio o una explosión en presencia de productos combustibles.

**Gas a presión**

Gases a presión en un recipiente. Algunos pueden explotar con el calor. Se trata de gases comprimidos, licuados o disueltos. Los licuados refrigerados pueden producir quemaduras o heridas relacionadas con el frío, que se conocen como quemaduras o heridas criogénicas.

**Corrosivo para metales**

Corrosivos: Productos químicos que son corrosivos y que pueden atacar o destruir metales. Sustancias corrosivas que pueden causar daños irreversibles a la piel u ojos, en caso de contacto o proyección.

**Peligro para la salud humana**

**Corrosión cutánea. Lesión ocular**

Productos químicos que son corrosivos y que pueden atacar o destruir metales. Sustancias corrosivas que pueden causar daños irreversibles a la piel u ojos, en caso de contacto o proyección.

**Toxicidad aguda (oral cutánea o por inhalación). Irritación**

Productos que producen efectos adversos en dosis altas. Pueden producir irritación en ojos, garganta, nariz y piel. Provocan alergias cutáneas, somnolencia y vértigo.

**Toxicidad aguda**

Productos que producen efectos adversos para la salud, incluso en pequeñas dosis. Pueden provocar náuseas, vómitos, dolores de cabeza, pérdidas de conocimiento e incluso la muerte.

**Mutagenicidad, Carcinogenicidad, Toxicidad para la reproducción**

Productos cancerígenos (pueden provocar cáncer). Productos mutagénicos (pueden modificar el ADN de las células y provocar daños a la persona expuesta o a su descendencia). Productos tóxicos para la reproducción (pueden producir efectos nefastos en las funciones sexuales, perjudicar la fertilidad, provocar la muerte del feto o producirle malformaciones). Productos que pueden modificar el funcionamiento de ciertos órganos, como el hígado. Productos que pueden entrañar graves efectos en los pulmones o provocar alergias respiratorias.

(continua en la página siguiente)

(continua de la página anterior)

**Peligroso para el medio ambiente acuático**

Productos que provocan efectos nefastos para los organismos del medio acuático (peces, crustáceos, algas, otras plantas acuáticas, etc.).

**Figura 1.1.** Pictogramas de seguridad asociados a cada una de las categorías de peligro (Directiva 2006/12/CE)

## D) Residuos

La correcta gestión y eliminación de estos residuos son esenciales para mantener un entorno seguro y cumplir con las regulaciones ambientales. Los residuos generados en un laboratorio químico pueden clasificarse en varias categorías según su naturaleza y nivel de peligrosidad. Nunca se tirarán o verterán a la pila. Todos los residuos sólidos, tóxicos o inflamables se depositarán en los contenedores destinados para ello. Algunos tipos comunes de residuos en un laboratorio químico son:

- Residuos asimilables a urbano. Son desechos generados durante la actividad que no son peligrosos y no presentan riesgos significativos para la salud humana ni para el medio ambiente.

- Residuos químicos peligrosos: sustancias químicas que son tóxicas, corrosivas, inflamables o que presentan otros riesgos para la salud humana o el medio ambiente.

- Residuos de disolventes: residuos derivados del uso de solventes orgánicos, como acetona, éter, metanol o cloroformo.

- Residuos de vidrio roto o contaminado: fragmentos de vidrio contaminados con sustancias químicas o que hayan estado en contacto con materiales peligrosos.

E) Protocolos de emergencia

Cualquier incidente debe ser comunicado inmediatamente al responsable

- Procedimientos para derrames químicos: hay que limpiar inmediatamente con el producto adecuado con las máximas precauciones según indica su ficha de seguridad. Cada producto necesita pasos específicos para tratar derrames, incluyendo el uso de absorbentes y la notificación inmediata al personal de laboratorio.

- Incidentes leves: se debe proceder con el correspondiente primeros auxilios, uso de lavaojos, duchas de seguridad y otros equipos de emergencia.

- Incidentes graves: se activarán los planes de auxilio o evacuación específicos. Se debe realizar la notificación al personal de emergencia, a través de los números de teléfono de contacto de emergencia.

| **Seguridad UPV** <br> **(24 h)** <br> **78888 / 74053** <br> **963 877 703** | **Centro de Salud Laboral** <br> **(8 - 21 h)** <br> **74072** <br> **963 877 407** |
| --- | --- |

# 1.3. Procedimientos habituales de laboratorio

## A) Tipos de procedimientos

En un laboratorio químico, existen varios procedimientos que se llevan a cabo de manera rutinaria.

- Pesada: uso de balanzas analíticas y otros instrumentos de medición para obtener cantidades precisas de reactivos químicos.

- Preparación de disoluciones: mezcla y dilución de sustancias químicas para preparar soluciones con concentraciones específicas.

- Manejo de sustancias químicas y reacciones: manipulación segura de sustancias químicas, incluyendo técnicas de vertido, mezcla y transferencia.

- Uso de material de laboratorio: utilización adecuada de equipos de laboratorio, como pipetas, buretas, matraces, tubos de ensayo, etc.

- Calibración y medida con instrumentos: utilización de equipos de medición, como espectrofotómetros y pHmetros.

- Tratamiento de muestras: preparación de muestras para la medición.

- Registro, tratamiento de datos y documentación: documentación precisa de los procedimientos, resultados y observaciones en un cuaderno de laboratorio.

- Limpieza y mantenimiento: limpieza regular de equipos y áreas de trabajo, así como el mantenimiento adecuado de instrumentos.

- Gestión de residuos: clasificación y disposición adecuada de residuos, siguiendo los procedimientos establecidos para residuos peligrosos y no peligrosos.

## B) Preparación de disoluciones de concentración conocida a partir de un sólido

El primer paso es calcular la masa de soluto necesaria para preparar el volumen (V) de la concentración deseada (C); para ello es necesario utilizar el dato de masa molar de la sustancia (Mm), incluyendo, en su caso, las moléculas de agua de hidratación. Seguidamente, se pesa la cantidad del sólido en la balanza adecuada utilizando un vaso de precipitados previamente tarado (también puede utilizarse un pesa-sustancias o un vidrio de reloj). Se añade una pequeña cantidad de agua destilada, utilizando la varilla para agitar.

Una vez el sólido está totalmente disuelto, se trasvasa el contenido del vaso de precipitados al matraz aforado del volumen que se desea preparar. Se lava el vaso de precipitados con un poco de agua destilada para recoger los restos de disolución que pueda contener, y se introduce en el matraz aforado. A continuación, se añade agua destilada hasta el enrase (utilizando el cuentagotas), se tapa y se agita

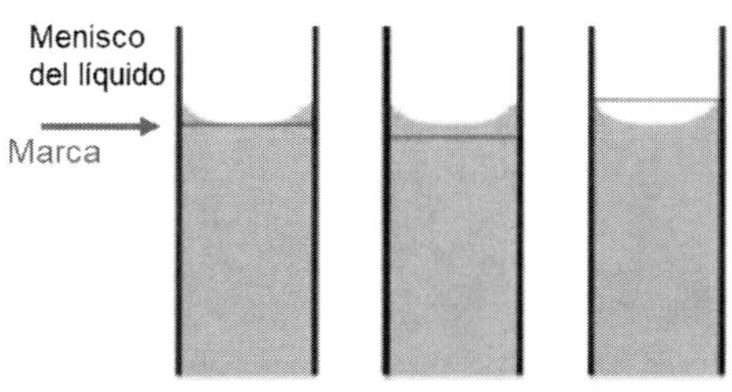

hasta su completa homogeneización. Finalmente, y para guardar esta disolución, se trasvasa el contenido del aforado a una botella correctamente etiquetada.

## C) Preparación de disoluciones de concentración conocida a partir de una disolución líquida

La primera etapa a realizar es el cálculo del volumen de disolución concentrada ($Vc$) necesario para preparar el volumen de disolución diluida ($Vd$) de la concentración deseada ($Cd$). Para ello es imprescindible conocer la concentración de la disolución de partida o concentrada ($Cc$). De este modo es fácil calcular el volumen necesario.

$$V_c = \frac{V_d C_d}{C_c}$$

Seguidamente se toma el volumen de la disolución concentrada (Vc) calculado, utilizando una pipeta graduada adecuada (y su propipeta correspondiente) y se vierte en el matraz aforado. Este debe contener una pequeña cantidad de agua destilada. Por último, añadir agua destilada hasta el enrase (usando el cuentagotas), tapar, y agitar hasta su completa homogeneización. Cuando sea necesario se trabajará en la campana extractora de gases. Finalmente, y para guardar esta disolución, se trasvasa el contenido del aforado a una botella correctamente etiquetada.

## D) Representación gráfica de los datos experimentales

La realización de un trabajo experimental suele implicar buscar la relación existente entre dos o más variables. Un único par de valores (x, y) no informa sobre la relación existente entre éstos, por ello es necesario representar varios puntos y analizar el tipo de dependencia entre las magnitudes representadas. Además, la representación gráfica de muchos puntos permite detectar posibles errores experimentales.

Los pasos más habituales para realizar una representación gráfica de dos variables son los siguientes:

1 Los ejes deben indicar claramente las magnitudes que en ellos se representan y las unidades correspondientes. El gráfico puede llevar un título breve que lo identifique.

2 Debe usarse el eje de la abscisa (eje x) para la variable independiente (aquella que es controlada por el experimentador) y el eje de la ordenada (eje y) para la variable dependiente (magnitudes medidas). Por ejemplo, si medimos la absorción de disoluciones con diferentes concentraciones de especies absorbentes, se usaría el eje x para la concentración y el eje y para la absorbancia.

3 La escala de los ejes debe seleccionarse correctamente de modo que permita representar y leer con facilidad los datos. Los intervalos en la abscisa y la ordenada pueden ser distintos.

4 Cuando los valores a representar en las escalas son muy pequeños o muy grandes, se usará notación científica ($10^2$, $10^5$, $10^{-3}$, $10^{-6}$, etc.).

5 Cuando se dibuje la recta o curva que representa la función que siguen los puntos, se deberá realizar de modo que sea lo más representativa posible del fenómeno. No se unirán los puntos con una línea quebrada, deberá dibujarse la línea recta o

curva (parábola, sigmoide, etc.) que mejor se aproxime a los datos experimentales, aunque no pase por todos los puntos. En este caso, deberán quedar tantos puntos por encima de la línea trazada como por debajo.

6  En el caso de un ajuste lineal, la gráfica se trazará con una sola línea, usando una regla y pasando lo más cerca posible del mayor número de puntos.

7  Cuando se representan curvas, es conveniente tomar puntos equiespaciados en los tramos de menor curvatura (más lineales), mientras que la densidad de puntos debe ser mayor en los tramos de mayor curvatura.

8  En el caso de que la curva represente una línea recta, el cálculo de la pendiente debe realizarse con los puntos que estén sobre la recta y no con los puntos experimentales, o bien obtener la recta de regresión lineal por mínimos cuadrados.

9  Cuando se representa más de una curva en una misma gráfica, hay que diferenciarlas entre sí, usando para ello diferentes símbolos (por ejemplo, x, +, *, etc.) o diferentes colores. Deberá aparecer una leyenda identificando cada una de ellas.

10  Todas estas indicaciones también son de aplicación cuando se realizan representaciones gráficas utilizando programas informáticos.

**E) Ajuste de datos experimentales**

Hay una gran cantidad de curvas a las que se podría ajustar los datos experimentales: lineales, logarítmicas, polinómicas, exponenciales, etc. Normalmente el ajuste a aplicar se selecciona en función del experimento efectuado. En la mayoría de los experimentos realizados en el laboratorio se realizan ajustes lineales, donde se busca el valor de la ordenada en el origen y la pendiente.

El ajuste de los datos experimentales a una línea recta se puede realizar de varias formas: directamente de la gráfica, mediante calculadoras científicas, o utilizando hojas de cálculo o programas informáticos específicos.

## 1.4. Expresión de resultados

### A) Rechazo de valores anómalos

Los métodos analíticos instrumentales incluyen una etapa de medida de la propiedad analítica, es decir, la obtención de una respuesta asociada a una propiedad físico-química que se relaciona con la presencia o concentración del analito. La medida genera unos datos experimentales (población). Dado que se trata de un proceso experimental, existen diferentes factores que pueden originar que el valor medido no corresponda con el valor verdadero (incertidumbre experimental).

En ocasiones es posible obtener un dato, dentro de un conjunto, que parezca anómala o discrepante.

Este valor puede ser descartado si estadísticamente se comprueba que la probabilidad de que pertenezca al conjunto es baja.

El **test de la Q de Dixon** es un test estadístico de rechazo de resultados discrepantes basado en el cálculo de un estadístico Q y comparación con un valor crítico o límite que se encuentra tabulado.

$$Q_{calculado} = \frac{|x_{candidato} - x_{próximo}|}{x_{superior} - x_{inferior}}$$

$x_{candidato}$: dato que se sospecha que pueda ser anómalo y será el valor más pequeño o más grande de la serie de datos.

$x_{inferior}$: dato más pequeño

$x_{superior}$: dato más grande

$x_{próximo}$: dato más próximo al candidato

El valor $Q_{tabulado}$ se selecciona según el número de datos que constituyen el estudio y el nivel de confianza estadístico asociado. Si el $Q_{calculado} > Q_{tabulado}$, se rechazaría el valor candidato.

| N | $Q_{crit}$ (CL:90%) | $Q_{crit}$ (CL:95%) | $Q_{crit}$ (CL:99%) |
|---|---|---|---|
| 3 | 0.941 | 0.970 | 0.994 |
| 4 | 0.765 | 0.829 | 0.926 |
| 5 | 0.642 | 0.710 | 0.821 |
| 6 | 0.560 | 0.625 | 0.740 |
| 7 | 0.507 | 0.568 | 0.680 |
| 8 | 0.468 | 0.526 | 0.634 |
| 9 | 0.437 | 0.493 | 0.598 |
| 10 | 0.412 | 0.466 | 0.568 |

**EJEMPLO.** Valores de determinación del contenido en proteínas en un alimento (%): 13,18 13,92 13,99 14,20 14,28 14,30. ¿Debemos rechazar algún valor aplicando al 95% de nivel de confianza?

$x_{inferior}$ = 13,18 $\qquad Q1 = \dfrac{13,92 - 13,18}{14,30 - 13,18} = 0,66 \longrightarrow$ Rechazar 13,18

$Q_{tabulado}$ = 0,625

$x_{superior}$ = 14,30 $\qquad Q2 = \dfrac{14,30 - 14,28}{14,30 - 13,18} = 0,018 \longrightarrow$ No rechazar 14,30

## B) Cifras significativas

Los resultados experimentales deben reportarse conforme a la población estadística que representan, ya que una medida experimental está condicionada por su imprecisión. El error se puede concebir como la dispersión de las diferentes mediciones de un valor central. No obstante, un mismo valor medio puede ser originado con medidas muy próximas entre sí o muy alejadas entre sí. Por lo tanto, es imprescindible informar de dicha incertidumbre para valorar la calidad de los resultados.

En la presentación y análisis de los resultados de una medición, se expresa el valor central y el grado de error o el limite probabilístico de la incertidumbre o desviaciones respecto al valor central. Cuando los datos cumplen una distribución normal, se utiliza la media y la desviación estándar de la población. Si en un experimento replicado, se han generado diferentes resultados ($x_1$, $x_2$, …, $x_n$), el resultado se expresa como:

$$Resultado: (\overline{x} \pm s)\ unidades$$

Reportar un valor medido con más decimales que el error asociado es incoherente, puesto que dichas cifras no poseen fiabilidad. El número de cifras del resultado ha de ser acorde con su imprecisión.

Las **cifras significativas** de un número son aquellas cifras o dígitos que tienen un significado real y, por tanto, aportan alguna información. Básicamente, las cifras significativas en cualquier medición son los dígitos que se conocen con certeza, más un dígito que es incierto. Por lo tanto, tras el cálculo de un resultado es necesario eliminar los dígitos no significativos de un número, siguiendo unas reglas:

**Regla 1**. Cuando se trata de una única medida, el error asociado es la imprecisión de la medida de material o instrumento utilizado. El error del volumen medido con un material volumétrico corresponde con la imprecisión de dicho material (ejemplo $\pm$ 0,1 mL, $\pm$ 1 mL). El error de una masa pesada con una balanza corresponde con la imprecisión de dicha balanza (ejemplo $\pm$ 0,001 g, $\pm$ 0,0001 g).

**Regla 2**. Cuando el resultado es fruto de varias réplicas, tanto la media como la desviación estándar deben expresarse con sus correspondientes cifras significativas.

- La imprecisión se indica con las cifras significativas de la desviación típica. Los ceros a la izquierda del primer número diferente de 0 no son significativos.

- Si el primer dígito distinto a cero es mayor que 1, corresponde con dicho dígito. Ejemplos: 6328,45; 325; 0,00423; 8,56; 0,000793.

- Si el primer dígito distinto a cero es 1, corresponde con los dos primeros dígitos. Ejemplos: 1308,7; 128; 0,001491; 1,856; 0,000107.

- El número de cifras de la media ha de ser acorde con su imprecisión. Se descartan todos aquellos dígitos inferiores a la desviación estándar.

**Regla 3**. Se aplica un proceso de redondeo al primero de los dígitos que debe eliminarse.

- Si el primer dígito que se va a eliminar es inferior a 5, dicho dígito y los que le siguen se eliminan y el número que queda se deja como está. Ejemplo: 0,03421 →0,03.

- Si el primer dígito que se va a eliminar es 5 o superior a 5, seguido de dígitos diferentes de cero, dicho dígito y todos los que le siguen se eliminan y se aumenta en una unidad el número que quede. Ejemplo: 0,03618 →0,04.

- Si el primer dígito que se va a eliminar es 5 y todos los dígitos que le siguen son ceros, dicho dígito se elimina y el número que se va a conservar se deja como está si es par o aumenta en una unidad si es impar. Ejemplos: 0,02500 →0,02; 0,03500 →0,04.

EJEMPLOS

| Cálculo | Resultado |
|---|---|
| 0,3517 $\pm$ 0,023 | 0,35 $\pm$ 0,02 |
| 854,20 $\pm$ 7,31 | 854 $\pm$ 7 |
| 0,0688 $\pm$ 0,0063 | 0,069 $\pm$ 0,006 |
| 2366 $\pm$ 12 | 2366 $\pm$ 12 |
| 43689,3 $\pm$ 0,04 | 43689,30 $\pm$ 0,04 |

| Cálculo | Resultado |
|---|---|
| 0,8542 $\pm$ 0,151 | 0,85 $\pm$ 0,15 |
| 32125 $\pm$ 823 | 32100 $\pm$ 800 |
| 17 $\pm$ 0,0068 | 17,000 $\pm$ 0,007 |
| 345,345 $\pm$ 0,143 | 345,34 $\pm$ 0,14 |
| 3221,8 $\pm$ 63,5 | 3220 $\pm$ 60 |

**2**

# Calibración. Determinación de metales en café soluble mediante fotometría de emisión atómica

## 2.1. Introducción

El método analítico incluye una etapa de **medida de la propiedad analítica,** es decir, la obtención de una respuesta que se relaciona con la presencia o concentración del analito. La medida genera unos datos experimentales. Dado que se trata de un proceso experimental, existen diferentes factores que pueden originar que el valor medido no corresponda con el valor verdadero (incertidumbre experimental).

- La **calibración** es el proceso por el que la respuesta de un sistema de medida se transforma o se expresa en términos de una cualidad o cantidad de interés. Esta operación es esencial para un resultado analítico, ya que una realización incorrecta es causa de errores importantes.

- La **calibración analítica** consiste en la selección del modelo matemático que permita establecer una dependencia entre la "señal analítica" (variable dependiente) y el "resultado analítico" (variable independiente), el cual se identifica con la concentración o cantidad. En la calibración se utilizan:

  - **Blanco o muestra blanco:** muestra que no contiene analito, pero con la misma matriz que la muestra problema. En muchas ocasiones, se puede utilizar directamente el disolvente (ej. agua).

  - **Patrón o muestra patrón:** muestra que contiene el analito de concentración conocida. Generalmente, se preparan a partir de reactivos comerciales del analito o materiales de referencia. Los patrones contribuyen a la calibración puesto que es posible establecer la relación matemática entre la cantidad de analito y la señal al aplicar en el método. Posteriormente, es posible obtener la cantidad de analito en muestra desconocida midiendo la señal que genera y gracias a la ecuación matemática calculada.

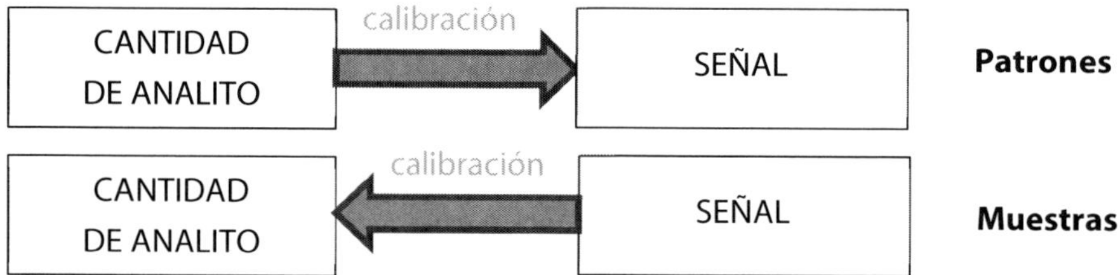


El **modelo de regresión lineal** se emplea cuando la relación entre la concentración del analito en la muestra problema (x) y la respuesta o señal (y) generada se expresa por la siguiente ecuación:

$$y = a + b\,x$$

siendo a y b, la ordenada en el origen y la pendiente. El coeficiente de correlación (r) expresa la proporción de la varianza total explicada por la regresión. Si r = 1 o r = -1, todas las medidas ajustan perfectamente a una línea recta.

La **calibración externa** utiliza una serie de patrones con distintas concentraciones del analito en una matriz igual o similar al de la muestra. Se mide las señales de los patrones y se obtiene el modelo que relaciona la señal con la concentración (recta calibrado). La concentración de analito en la muestra desconocida ($x_{mst}$) se calcula por interpolación de su respuesta ($y_{mst}$) en la curva de calibración, según la expresión:

$$x_{mst} = \frac{y_{mst} - a}{b}$$

Paso 1: preparar patrones con diferente concentración del analito

Paso 2: medir la señal de cada patrón

Paso 3: obtener el modelo que relaciona la señal con la concentración (curva calibrado)

Paso 4: medir la/s muestra/s

Paso 5: calcular la concentración del analito en cada muestra (interpolación)

En ciertas muestras, existen componentes de la muestra (matriz) que alteran la respuesta analítica. El **efecto matriz** origina un aumento o descenso de la señal y es dependiente de la concentración de analito (error proporcional). Por lo tanto, no se puede utilizar la recta de calibrado obtenida con patrones porque conduce a resultados inexactos.

$$Señal = Señal_{analito} \pm Señal_{interferencia}$$

- **Efecto matriz negativo**. La señal experimental es menor en las muestras que en patrones. La concentración determinada será inferior (error por defecto).

- **Efecto matriz positivo**. La señal experimental es mayor en las muestras que en patrones. La concentración determinada será mayor (error por exceso).

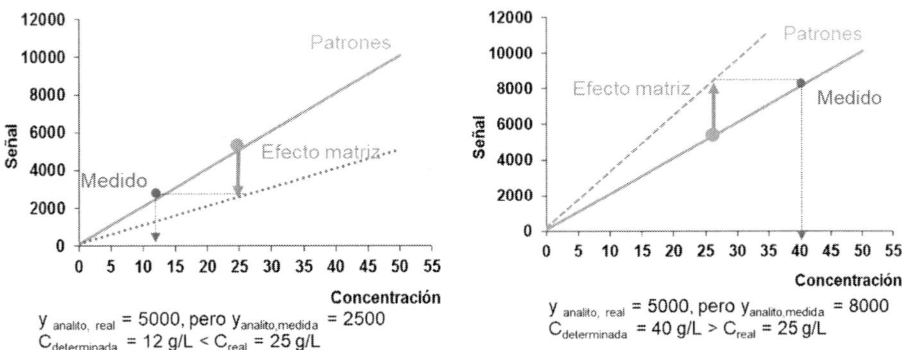



$y_{analito,\ real}$ = 5000, pero $y_{analito,medida}$ = 2500
$C_{determinada}$ = 12 g/L < $C_{real}$ = 25 g/L

$y_{analito,\ real}$ = 5000, pero $y_{analito,medida}$ = 8000
$C_{determinada}$ = 40 g/L > $C_{real}$ = 25 g/L

La **calibración con adición estándar** se emplea en muestras que posean efecto matriz. Consiste en la medida de la señal generada por varias disoluciones de la muestra a las que se han adicionado cantidades conocidas de patrón. La correspondiente recta de calibrado entre señal registrada y cantidad de patrón adicionada ($x_{añadida}$) correspondería con la recta teórica sin efecto matriz.

$$y = a' + b'\, x_{añadida}$$

La concentración de analito en la muestra desconocida ($x_{mst}$) se calcula según la expresión:

$$x_{mst} = \frac{a'}{b'}$$

Esta calibración implica más recursos (cantidad de muestra, materiales, tiempo, etc.), ya que requiere la preparación y medida de varias disoluciones por cada una de las muestras.

Paso 1: preparar varias mezclas de cada muestra añadiendo diferentes cantidades del patrón

Paso 2: medir la señal de cada mezcla

Paso 3: obtener el modelo que relaciona la señal con la concentración (curva calibrado)

Paso 4: calcular la concentración

Paso 5: repetir todos los pasos para cada muestra

En esta práctica, se estudiará experimentalmente la calibración aplicada a la **Fotometría de Emisión Atómica**. Esta técnica se basa en la medida de la radiación emitida por los átomos excitados térmicamente cuando regresan a su estado fundamental. Se aplica a elementos alcalinotérreos, que son energéticamente fáciles de atomizar y excitar dando lugar a métodos analíticos sensibles.

- La señal analítica es la intensidad de luz emitida debida al paso de los electrones desde niveles electrónicos atómicos excitados a los fundamentales tras su previa excitación térmica (llama).

- Cada elemento emite a ciertas longitudes de onda (cualitativa).
- La intensidad emitida es proporcional a la cantidad de dicho elemento (cuantitativa).

Se determinará el contenido en **sodio** (Na) y el **potasio** (K) existentes en el **café soluble** (mg/100 g). En el organismo humano el potasio y el sodio intervienen activamente en la regulación del pH y del balance de agua intra y extracelular, actuando especialmente en las células nerviosas, músculos del corazón y en la acción de determinadas enzimas. Con el fin de estudiar si el análisis mediante calibración externa directa presenta interferencias, se compararán los resultados con los obtenidos aplicando el método de la adición estándar.

## 2.2. Objetivos

> - Comprender y utilizar la calibración en el contexto de un proceso de medida analítica.
> - Iniciarse en la técnica de la Fotometría de Emisión Atómica mediante su aplicación a la determinación de sodio y potasio en café soluble.
> - Obtener una recta de calibración a partir de patrones.
> - Reconocer la existencia de interferencias de la muestra aplicando el método de adición estándar.
> - Expresar correctamente los resultados de un método analítico.

## 2.3. Parte experimental

### A) Material y reactivos

| Material | Reactivos |
|---|---|
| Fotómetro de Llama | Disolución patrón de 50 ppm de K |
| 4 vasos de precipitados de 50 mL | Disolución patrón de 50 ppm de Na |
| Varilla de vidrio | Material para curva común |
| Espátula | Muestras de café soluble comerciales |
| Pipetas aforadas de 1 mL, 2 mL y 10 mL | |
| 1 matraz aforado de 25 mL | |
| 3 matraces aforados de 50 mL | |
| 1 matraz aforado de 100 mL | |
| 1 embudo de 4 cm $\varnothing$ | |
| Cuentagotas | |
| 3 filtros membrana 0,45 μm | |

## B) Preparación de disoluciones

### B.1) Disolución patrón de 50 ppm de Na

Preparada a partir de 2,542 g de NaCl disueltos en 100 mL de agua destilada. Diluir a 1L con agua destilada. Tomar 5 mL de dicha disolución y enrasar a 100 mL con agua destilada.

### B.2) Disolución patrón de 50 ppm de K

Preparada a partir de 1,907 g de KCl disueltos y enrasados a 1 L con agua destilada. Tomar 5 mL de dicha disolución y se enrasar a 100 mL con agua destilada.

## C) Procedimiento

### C.1) Preparación de las disoluciones patrón de Na y K

En aforados de 50 mL, se preparan 5 disoluciones de concentración conocida de ambos elementos, tal y como se indica en la tabla, enrasando cada aforado con agua ultrapura, obteniendo así las disoluciones patrón para la curva de calibrado.

| Matraz | 1 | 2 | 3 | 4 | 5 |
|---|---|---|---|---|---|
| mL disolución B.1 (Na) | 1 | 2 | 3 | 4 | 5 |
| mL disolución B.2 (K) | 1 | 2 | 3 | 4 | 5 |
| ppm Na y K | 1 | 2 | 3 | 4 | 5 |

### C.2) Toma y preparación de la muestra

Pesar unos 0,4 g de café soluble en un vaso de precipitados en balanza analítica. Anotar la masa exacta de café pesada (precisión ±0,0001g) y disolverlo en aprox. 40 mL. Transferir a un matraz aforado de 100 mL con agua ultrapura y enrasar (muestra disuelta).

### C.3) Lectura fotométrica de la intensidad de emisión para Na

Pipetear 10 mL de la muestra disuelta (disolución C.2) en un matraz aforado de 25 mL, y posteriormente enrasaremos con agua ultrapura.

El protocolo de medida será explicado por el profesor de acuerdo con las instrucciones de manejo del equipo utilizado. Registrar la señal analítica que generan los patrones y la muestra (tres réplicas) a la longitud de onda específica para el sodio ($\lambda$ 589,0 nm).

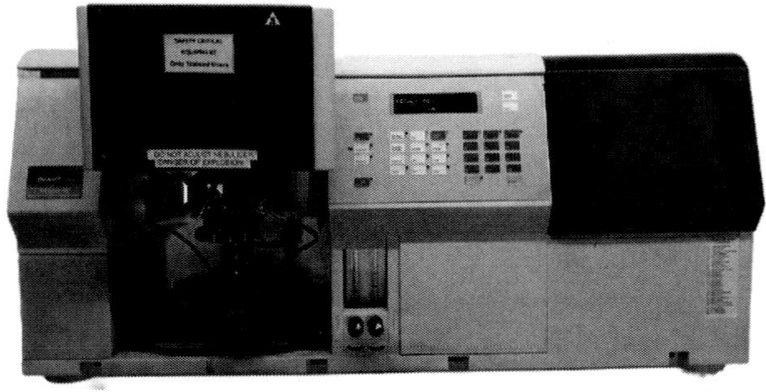

### C.4) Preparación de la muestra con adición estándar para la determinación de K

Pipetear 1 mL de la muestra disuelta (disolución C.2) en matraces aforados de 50 mL, en los cuales añadiremos el volumen indicado de la disolución patrón de 50 ppm de K (B.2), y posteriormente enrasaremos con agua ultrapura. Obtendremos así la disolución muestra problema de referencia (M) por triplicado y los patrones para el método de adición estándar (M+1 y M+2).

| Matraz | M | M+1 | M+2 |
|---|---|---|---|
| mL disolución C.2 (café) | 1 | 1 | 1 |
| mL disolución B.2 (K) | 0 | 1 | 2 |
| ppm K adicionadas | 0 | 1 | 2 |

### C.5) Lectura fotométrica de intensidad de emisión para K

El protocolo de medida será explicado por el profesor de acuerdo con las instrucciones de manejo del equipo utilizado. Registrar la señal analítica que generan los patrones y las disoluciones de la muestra (M, M+1, M+2) a la longitud de onda específica para el potasio ($\lambda$ 766,5 nm).

### D) Cálculos

### D.1) Obtención de las rectas de calibrado

Dado que el método es cuantitativo, se debe establece la relación entre la intensidad de emisión y concentración del analito. La representación de los datos mostrará un comportamiento lineal puesto que la señal es proporcional.

- **Calibración convencional.** Se representa la señal (eje y) frente la concentración de analito en los patrones (eje x).

- **Calibración adición estándar.** Se representa la señal (eje y) frente la concentración de analito añadido a la muestra (eje x).

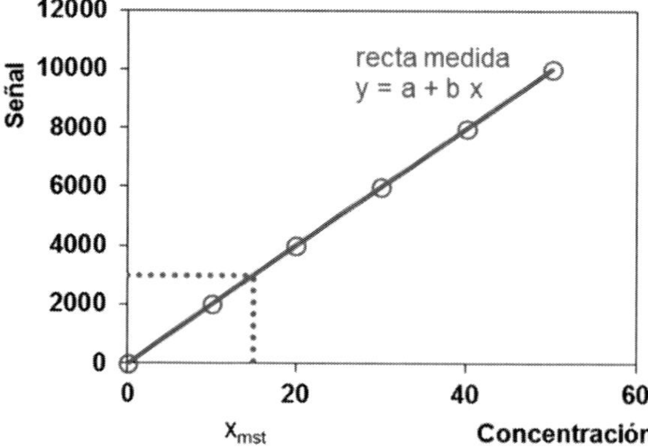

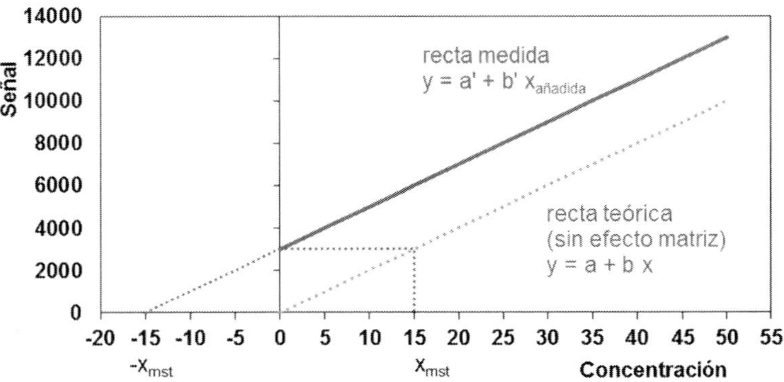


## D.2) Selección de la calibración

La selección de calibración convencional (y = a + b x) o calibración con adición estándar (y = a' + b' x$_{añadida}$) depende del estudio de comparación:

- Si b = b', no hay efecto matriz, no es necesaria la calibración con adición estándar. Se podría obtener utilizar la calibración mediante patrones, e interpolar la señal de cada muestra en dicha recta.

- Si b ≠ b', hay efecto matriz, es necesaria la calibración con adición estándar. El resultado válido es el obtenido con calibración por adición estándar. Hay que hacer el proceso para cada muestra, es decir, obtener la correspondiente recta para cada muestra. Implica mayor necesidad de recursos.

## D.3) Cálculo de la concentración de analito

Según la calibración seleccionada, la concentración de analito en la muestra ($x_{mst}$) se obtiene:

- **Calibración convencional.** Interpolación de su respuesta ($y_{mst}$) en la curva de calibración, según la expresión:

  $$x_{mst} = \frac{y_{mst} - a}{b}$$

- **Calibración adición estándar.** Se calcula según la expresión:

$$x_{mst} = \frac{a'}{b'}$$

La concentración en la muestra original se obtiene considerando las etapas del tratamiento de muestra, es decir, masa pesada y volúmenes empleados en las etapas dilución.

## 2.4. Resultados

### Masa de muestra

| m (g) | |
|---|---|
| | |

### Determinación de Na

1. Anota las intensidades de emisión obtenidas para las distintas disoluciones patrón de Na y para la disolución problema (tres réplicas de medida).

| Disolución patrón | Blanco | 1 | 2 | 3 | 4 | 5 |
|---|---|---|---|---|---|---|
| Na (ppm) | | | | | | |
| Intensidad de emisión 589,0 nm | | | | | | |

| Intensidad de emisión de la disolución problema 589,0 nm | Réplica 1 | |
|---|---|---|
| | Réplica 2 | |
| | Réplica 3 | |

2. Representa la recta experimental de calibrado correspondiente a la tabla del apartado anterior. Adjuntar la gráfica obtenida.

3. Realizar un ajuste por mínimos cuadrados de los puntos experimentales.

$$\text{Ecuación de la recta: } y = a + bx$$

| a | b | r |
|---|---|---|
| | | |

4. A partir de la ecuación de la recta de calibrado y el valor de las señales, calcula la concentración de Na en la disolución medida y en la muestra.

| | Disolución Na ppm | Muestra Na mg | Muestra mg/100 g |
|---|---|---|---|
| Réplica 1 | | | |
| Réplica 2 | | | |
| Réplica 3 | | | |

5. Calcula el contenido de Na en la muestra expresando el resultado como miligramos de Na/100 gramos de muestra (media ±desviación estándar). El resultado debe expresarse con las cifras significativas correctas y las correspondientes unidades.

Contenido de Na en la muestra: ________ ± _________ mg/100 g

## Determinación de K

1. Anota las intensidades de emisión obtenidas para las distintas disoluciones patrón de K y para la disolución problema.

| Disolución patrón | Blanco | 1 | 2 | 3 | 4 | 5 |
|---|---|---|---|---|---|---|
| Cantidad de K (ppm) | | | | | | |
| Intensidad de emisión 766,5 nm | | | | | | |

| Disolución | M rep 1 | M rep 2 | M rep 3 | M+1 | M+2 |
|---|---|---|---|---|---|
| Cantidad añadida de K (ppm) | | | | | |
| Intensidad de emisión 766,5 nm | | | | | |

2. Representa las curvas experimentales correspondientes a las tablas del apartado anterior. Adjuntar las gráficas obtenidas.

3. Realiza un ajuste por mínimos cuadrados de los puntos experimentales e indica si hay efecto matriz (criterio: diferencia de pendientes > 5%).

| | a | b | r | ¿Efecto matriz? |
|---|---|---|---|---|
| **sin adición de estándar** | | | | |
| | a' | b' | r | |
| **con adición de estándar** | | | | |

4. A partir de las ecuaciones de las rectas de calibrado y el valor de la señal de la muestra, calcula la concentración de K en la disolución medida y en la muestra.

| | Ecuación | Disolución K ppm | Muestra K mg | K mg/100 g |
|---|---|---|---|---|
| **sin adición de estándar** | $x_{mst} = \dfrac{y_{mst} - a}{b}$ | | | |
| **con adición de estándar** | $x_{mst} = \dfrac{a'}{b'}$ | | | |

5. Calcula el contenido de K en la muestra, expresando el resultado como miligramos de K/100 gramos de muestra. El resultado debe expresarse con las correspondientes unidades.

Contenido de K en la muestra (**sin** adición de estándar): _________ ± _________ mg/100 g

Contenido de K en la muestra (**con** adición de estándar): _________ mg/100 g científicas, o utilizando hojas de cálculo o programas informáticos específicos.

## 2.5. Cuestiones avanzadas

I.- Confecciona un listado de las distintas variables experimentales asociadas al análisis, indicando posibles fuentes de error.

II.- Razona si se podría utilizar un material de referencia para calibrar el equipo de fotometría de llama.

III.- Razona por qué se diluye la muestra para la determinación del Na y K en el café soluble.

IV.- ¿Cuándo no recomendarías utilizar el método de adición estándar?

V.- Si el potasio emite, ¿por qué se puede utilizar patrones que contienen Na y K para preparar la recta de calibrado del sodio?

VI.- Propón otros ejemplos concretos de aplicación del procedimiento analítico descrito en la práctica (tipos de muestra, campos de aplicación, productos comerciales, etc.), indicando las problemáticas derivadas en cada caso. Sugerir soluciones a las mismas.

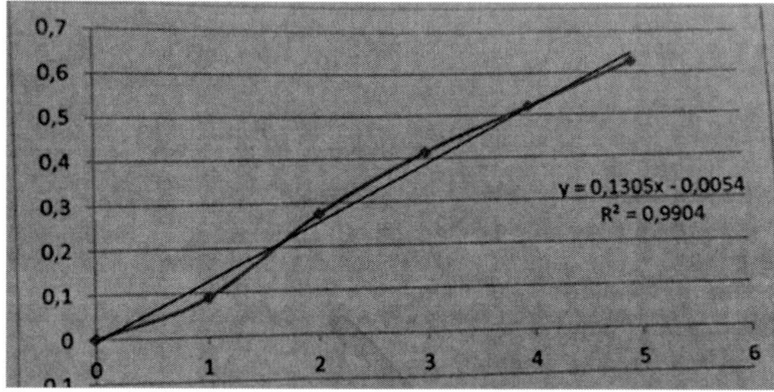


VII. Identifica los errores que han cometido en la siguiente figura presentada en un informe.

## Bibliografía


"Análisis Químico Cuantitativo" (6ª ed.) Harris, D.C. Ed. Reverte, S.A., Barcelona, 2007.

"Análisis Químico. Métodos y Técnicas Instrumentales Modernas" Rouessac, F. and Rouessac, A. Ed. McGraw-Hill, Madrid, 2003.

"Analytical Chemistry", (7th Edition). Gary D. Christian, Purnendu K. Dasgupta, Kevin A. Schug. Ed. Wiley, 2013.

**3**

# Estudio del tratamiento de muestra. Determinación de fósforo en leche

## 3.1. Introducción

Una etapa fundamental en la metodología química lo constituye el tratamiento de la muestra. Son operaciones y/o transformaciones que sufre la muestra que permiten su adecuación para realizar la medida. Se trata de tratamientos físicos, tratamientos químicos y separaciones. La determinación de ciertos analitos presentes en muestras complejas suele comenzar con la destrucción de la materia orgánica, dado su capacidad de interferir en la medida. En términos generales, este tratamiento de **mineralización** puede efectuarse por vía seca (calcinación) o por vía húmeda (mineralización). La elección de uno u otro procedimiento depende de diversos factores, siendo clave la naturaleza de la muestra y el método de medida. Otros aspectos a tener en cuenta incluyen la rapidez del tratamiento, su efectividad, las pérdidas ocasionadas por formación de compuestos volátiles o insolubles, la eliminación del exceso de reactivos y la reducción de posibles interferencias.

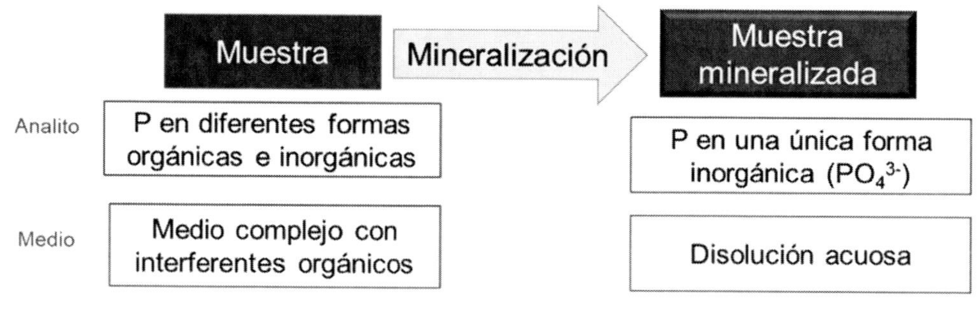


En el análisis agroalimentario es muy frecuente la **digestión por vía húmeda**. Es una oxidación consistente en tratar la muestra con un ácido concentrado (o mezcla de ácidos) y calentar a ebullición durante un tiempo determinado. Los ácidos como ácido clorhídrico (HCl), el ácido nítrico (HNO$_3$), el ácido sulfúrico (H$_2$SO$_4$) y el ácido perclórico (HClO$_4$) solos o mezclados, son los más utilizados. En ocasiones, es necesario la adición de reactivos como el agua oxigenada (H$_2$O$_2$), para mejorar la eficiencia del proceso.

En esta práctica, se realizará la digestión por vía húmeda de una muestra de **leche desnatada**, previa a la determinación de **fósforo** mediante la técnica de espectrofotometría molecular ultravioleta-visible. Respecto a la digestión, se utilizan diferentes tratamientos (HCl concentrado y mezcla HNO$_3$ / HCl) con el fin de comprobar cómo influye la naturaleza de los reactivos en la eficacia de la digestión. En el digestor, se producirá la destrucción de la materia orgánica y la conversión del fósforo presente en formas inorgánicas o bio-orgánicas en fosfato (PO$_4^{3-}$).

Para la determinación del fosfato generado, se emplea un método basado en la formación de un heteropolicomplejo vanadomolibdofosfórico de color amarillo. No se conoce exactamente la naturaleza de este cromógeno **amarillo**, pero el color se atribuye a la sustitución de los átomos de oxígeno del fosfato por radicales oxivanadio y oximolibdeno, para dar un heteropolicompuesto coloreado.

$$PO_4^{3-} + \text{molibdovanadato amónico} \rightarrow \text{Complejo amarillo}$$

Este método de detección, aun cuando es poco sensible para muchas aplicaciones, posee una gran estabilidad del color, independencia del proceso de reducción, baja interferencia por iones y en consecuencia una precisión adecuada.

Las disoluciones resultantes se miden con un **espectrofotómetro UV/Vis**, registrando la absorbancia a 400 nm, que corresponde con color violeta (radiación transmitida) complementario al color amarillo (radiación absorbida).

La energía de la radiación de una determinada longitud provoca el paso de los electrones desde niveles electrónicos fundamentales a los excitados. La absorbancia se relaciona con la intensidad de luz transmitida ($I_i$) respecto la inicial ($I_0$).

El método es cuantitativo porque la absorbancia es proporcional a la cantidad de dicho complejo, en consecuencia, del fosfato. Midiendo la absorbancia de la muestra tratada, es posible calcular la concentración interpolando en la recta de calibrado $PO_4^{3-}$ y en definitiva la concentración del analito (fósforo) en la muestra de leche.

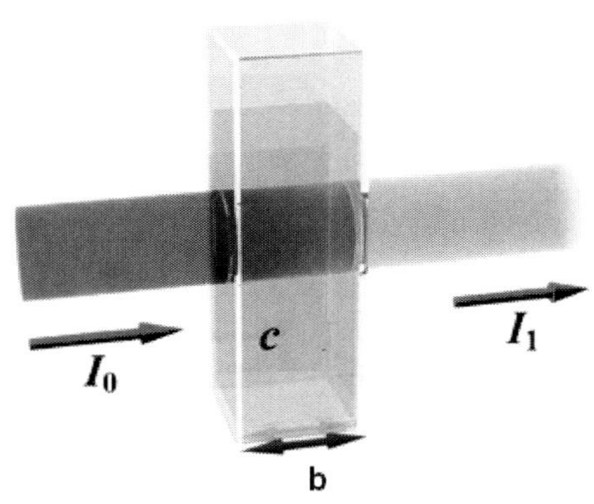


$$1\ mol\ P = 1\ mol\ PO_4^{3-} = 1\ mol\ de\ complejo$$

## 3.2. Objetivos

- Iniciarse en el tratamiento de muestras de interés agroalimentario.
- Comparar diferentes modos de digestión por vía húmeda.
- Conocer y utilizar la espectrofotometría UV-visible como técnica analítica de rutina.
- Determinar el contenido en fósforo de productos lácteos.

## 3.3. Parte experimental

### A) Material y reactivos

| Material | Reactivos |
| --- | --- |
| 3 vasos de precipitados de 50 mL | Disolución de molibdovanadato amónico |
| 2 aforados de 100 mL | HNO3 conc. |
| 2 aforados de 50 mL | HCl conc. |
| 1 probeta de 25 mL | Disolución patrón de 100 ppm de P |
| 1 pipeta aforada de 5 y 10 mL | Muestras de leche desnatada comerciales |
| 2 cuentagotas | |
| 2 tubos Kjeldahl de 250 mL | |
| 1 embudo de 6 cm ∅ | |
| 2 embudo de 4 cm ∅ | |
| 1 digestor | |
| Espectrofotómetro UV/Vis | |

## B) Preparación de disoluciones

### B.1) Disolución patrón

Preparada pesando 0,4393 g de $KH_2PO_4$ previamente desecado en estufa a 150 °C durante 2 horas y llevar a 1 litro. La disolución resultante contiene 100 mg/L de fósforo.

### B.2) Disolución de molibdovanadato amónico

Preparada disolviendo 20 g de molibdato amónico tetrahidratado $((NH_4)_6Mo_7O_{24}\cdot4H_2O)$ en 200 mL de agua caliente y enfriar. Disolver 1 gramo de metavanadato amónico $(NH_4VO_3)$ en 200 mL de agua caliente, enfriar y añadir 225 mL de ácido perclórico al 70%. Adicionar gradualmente y con agitación la disolución de molibdato amónico a la disolución de metavanadato amónico y enrasar a 1 litro con agua destilada.

## C) Procedimiento

### C.1) Tratamiento de la muestra

Se realizan dos tratamientos de muestra con el fin de comparar su eficacia en la mineralización de la muestra de leche desnatada.

A.  Digestión con HCl concentrado

B.  Digestión con $HNO_3$ / HCl (10/5 v/v)

Precalentar el ***bloque digestor*** (2006 Digestor Foss, Tecator) durante 30 min a 200 °C.

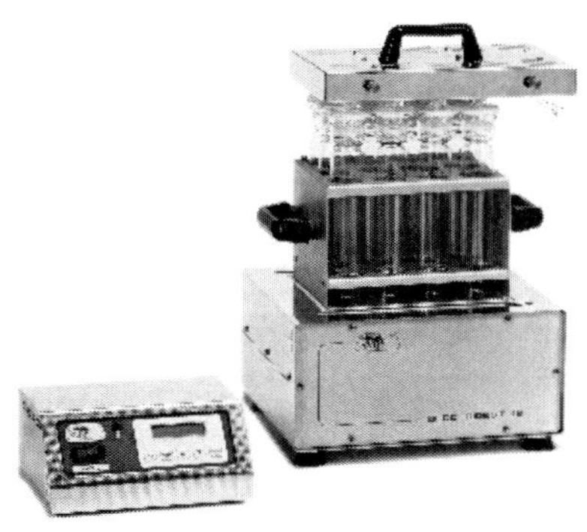

Para realizar la digestión, se dispondrán dos ***tubos de digestión*** de 50 mL y en cada uno de ellos se introducirán 5 mL de muestra, exactamente medidos. A continuación, se adicionarán, en vitrina, 10 mL de ácido nítrico concentrado más 5 mL de ácido clorhídrico, también concentrado, a cada uno de los vasos (tratamiento B), con el fin de realizar el ensayo por duplicado.

Paralelamente, el profesor habrá dispuesto dos tubos conteniendo 5 mL de cada muestra y 15 mL de ácido clorhídrico concentrado (tratamiento A), según se indica en el siguiente párrafo.

Calentar en digestor hasta eliminar la materia orgánica (30 min a ebullición suave)[1]. En aquellos tubos donde se observe que el tratamiento haya destruido la materia orgánica (disolución transparente), enfriar.

Transferir a un matraz aforado de 100 mL que contenga uno 20 mL de agua (disolución muestra digerida). Enrasar con agua desionizada, homogeneizar y filtrar utilizando papel de filtro.

---

[1] Nota: durante el periodo de digestión de las muestras realizar la calibración necesaria para determinar el contenido en fósforo de las muestras problema.

## C.2) Calibrado

Durante el periodo de digestión de las muestras se realizará la calibración (contenido en fósforo vs. absorbancia a 400 nm). Disponer 5 matraces aforados de 50 mL y agregar en cada uno y en el orden establecido, los siguientes reactivos:

| Matraz | 1 | 2 | 3 | 4 | 5 |
|---|---|---|---|---|---|
| V (H$_2$O) (mL) | 25 | 25 | 25 | 25 | 25 |
| V (patrón B.1) (mL) | 0,0 | 1,0 | 1,5 | 2,0 | 2,5 |
| V (reactivo B.2) (mL) | 10 | 10 | 10 | 10 | 10 |
| Concentración resultante de P (mg/L) | 0 | 2 | 3 | 4 | 5 |

Enrasar los aforados a 50 mL con agua desionizada, esperar 10 minutos hasta que se desarrolle el color. Medir su absorbancia a 400 nm, utilizando cubetas de sección cuadrada de 1 cm de lado y 4 mL de capacidad. Anotar el valor de las lecturas obtenidas.

## C.3) Medida de las muestras tratadas

En matraces aforados de 50 mL, introducir 25 mL de agua, 5 mL del filtrado obtenido por digestión de las muestras, 10 mL de la disolución del reactivo B.2 (molibdovanadato), y enrasar a 50 mL con agua desionizada.

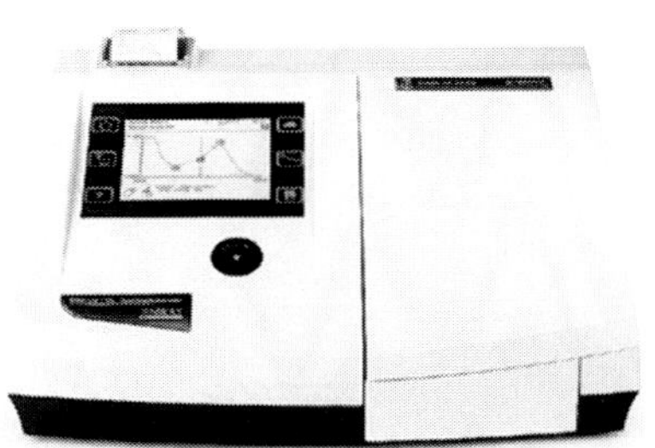

Homogeneizar y esperar 10 min hasta que se desarrolle el color. Después, leer la absorbancia de cada disolución a una λ de 400 nm, utilizando un espectrofotómetro ultravioleta-visible.

## 3.4. Resultados

1) Representa los valores de absorbancia, leídos en el espectrofotómetro, frente a la concentración de P correspondiente a cada patrón, expresada en mg/L.

| Disolución patrón | 1 | 2 | 3 | 4 | 5 |
|---|---|---|---|---|---|
| Concentración P (mg/L) | | | | | |
| Absorbancia | | | | | |

Adjuntar la gráfica obtenida

2) Realiza un ajuste por mínimos cuadrados de los puntos experimentales y escribe la ecuación lineal obtenida y su coeficiente de correlación (r).

Ecuación de la recta:

Coeficiente de correlación lineal r:

3) A partir de la ecuación de la recta de calibrado y de las lecturas de absorbancia dadas por las muestras, calcula la concentración de fósforo contenido en las disoluciones de la muestra tratada.

| Disolución muestra tratada | Réplica 1 | Réplica 2 |
|---|---|---|
| Absorbancia | | |
| Concentración P (mg/L) | | |

4) Calcula la concentración de fósforo en cada muestra problema, expresando el resultado como miligramos de P por litro de leche desnatada.

| Concentración P (mg/L) | Réplica 1 | Réplica 2 |
|---|---|---|
| Disolución muestra tratada | | |
| Disolución muestra digerida | | |
| Muestra de leche | | |

| RESULTADO |
|---|
| Concentración P: _______ ± _______ mg/L leche |

## 3.5. Cuestiones avanzadas

I.- Comenta los resultados obtenidos en función de los tratamientos de muestra efectuados en esta práctica.

II.- Confecciona un listado de las distintas variables experimentales asociadas al método de análisis utilizado, indicando posibles fuentes de error.

III.- Propón otros tratamientos de muestra, indicando las ventajas e inconvenientes.

IV.- Razona cuál sería el parámetro analítico más afectado si:

a) No se homogeneizará la muestra antes de realizar la digestión.

b) La digestión fuera incompleta.

c) Hubiera diferencias en las operaciones realizadas a las distintas réplicas de la muestra.

d) Se enrasarán los patrones por defecto.

e) La disolución utilizada para preparar los patrones se degradará.

f) Si la cantidad de reactivo B.2 (molibdovanadato) fuera insuficiente.

V.- ¿La cantidad de fósforo determinada en la muestra de leche desnatada coincide con los valores descritos en la bibliografía?

VI.- Razona por qué si el analito es el fósforo (P), se preparan patrones de un complejo de fosfato para obtener la recta de calibrado.

VII. Identifica los errores que han cometido en la siguiente figura presentada en un informe.

## Bibliografía

"Métodos Oficiales de Análisis". Tomo I. Análisis de leche y productos lácteos". Ed. Ministerio de Agricultura, Pesca y Alimentación, 1986.

"Official Methods of Analysis". Volume One. Ed. A.O.A.C., 1990.

"Food Analysis". Nielsen, Suzanne. Ed. Springer, 2010

"Food Analysis Laboratory Manual". Nielsen, Suzanne. Ed. Springer, 2010

**4**

# Análisis cualitativo. Métodos rápidos para muestras de interés agroalimentario

## 4.1. Introducción

La metodología química proporciona información **cualitativa** y **cuantitativa**. Las técnicas cualitativas proporcionan información sobre la composición de una muestra, y responden básicamente a la pregunta ¿de qué están hechas las cosas? En cuanto a las técnicas cuantitativas, permiten conocer la cantidad de uno, varios o todos los componentes presentes en una muestra problema, siendo una respuesta satisfactoria a este "nivel" un número acompañado de las correspondientes unidades de concentración (%, moles/L, mg/L...), masa, etc. La diferencia entre las técnicas cualitativas y cuantitativas radica en el nivel de información proporcionado. Los métodos para el análisis cualitativo generalmente están diseñados para obtener información sobre un problema con medios y procedimientos sencillos, disponibles incluso en laboratorios con escasos recursos, y aplicables fuera del laboratorio.

Los procesos de medida en química están sufriendo una evolución, principalmente en tres direcciones: **automatización, miniaturización y simplificación**. La automatización total o parcial de los procesos disminuye o elimina la intervención humana en el proceso de medida, la miniaturización reduce drásticamente el tamaño de las herramientas materiales, y la simplificación reduce las etapas en las que debe participar el analista. Esta evolución ha permitido la aparición de nuevas herramientas analíticas que reducen el costo del análisis y el tiempo de obtención de resultados, mientras que aumentan la precisión de las medidas y la seguridad del personal que realiza el análisis. Estos sistemas son coherentes con las demandas que exigen el tratamiento de un gran número de muestras, rapidez en la respuesta, generación de índices globales, así como respuestas binarias Sí/No (*screening*), proporcionando información cualitativa, semi-cuantitativa y cuantitativa.

Existen **metodologías analíticas rápidas** muy interesantes, debido a su simplicidad, facilidad de manejo y ventaja económica. Existen ciertos reactivos químicos que permiten la detección de ciertos analitos mediante reactivos selectivos que originan la formación de un producto característico. Además, se han comercializado diversos sensores y *kits* para distintos tipos de matrices y compuestos, que no requieren un exhaustivo tratamiento de la muestra para obtener una respuesta.

- Los **ensayos directos** basados en métodos cualitativos clásicos detectan o identifican al analito utilizando una reacción química, bioquímica o inmunológica que genera un producto que puede ser percibido por los sentidos humanos (cambio color, olor característico, aparición de un precipitado, etc.). Se compara el comportamiento de la muestra con el blanco y con un patrón del analito.

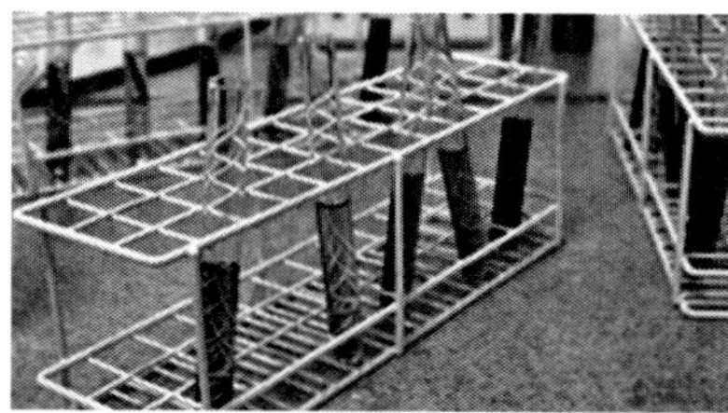

- Las **tiras reactivas** son soportes en papel impregnados con reactivos químicos que se introducen en la muestra, directamente o tras un tratamiento previo, para generar una respuesta. En análisis cualitativo, la aparición de una banda de color indica la presencia del analito. En análisis cuantitativo o semicuantitativo, se trata de una banda cuya intensidad en el color se asocia a una determinada cantidad de analito o rango de concentraciones.

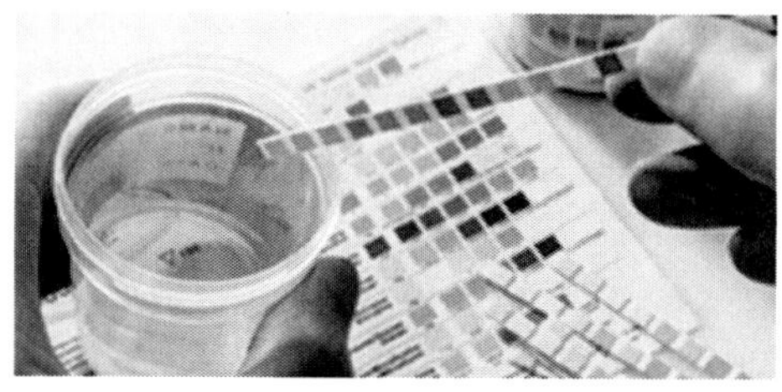

- Los **sensores químicos** proporcionan información sobre la naturaleza química. Un transductor químico produce una señal eléctrica proporcional a un parámetro químico, debido a sus propiedades rédox, ópticas, catalíticas, etc. Un biosensor es un instrumento o dispositivo analítico que contiene un elemento de detección biológico (o biomimético) acoplado a un transductor físico-químico que convierte la señal biológica en una señal electrónica.

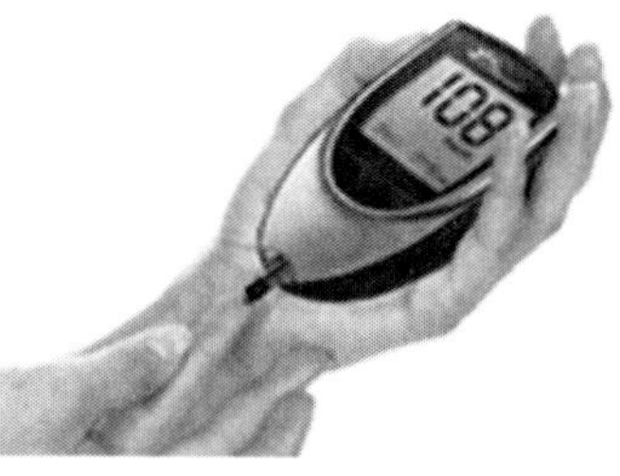

En la práctica, se emplean **métodos rápidos de análisis** basados en tiras reactivas, para el análisis cualitativo de **iones en vinos y salmueras**. El análisis de especies iónicas puede efectuarse mediante ensayos sistemáticos (marchas analíticas) con altas prestaciones analíticas, en términos de sensibilidad, selectividad, exactitud, etc. En ciertas aplicaciones, los ensayos directos son sumamente útiles, ya que apenas es necesario hacer separaciones o manipular la muestra para obtener la información buscada.

La determinación cualitativa de aniones y cationes en productos de interés bromatológico como vinos y salmueras sirve para conocer su naturaleza y proporcionar información con diferentes fines agroalimentarios. En la sesión de laboratorio, se reconocerán las especies: carbonato, hidrógenocarbonato (conocido comúnmente como bicarbonato), nitrato, sulfato, fosfato, cloruro, calcio, potasio y materia orgánica. Los ensayos se llevarán a cabo en: vinos blancos y salmuera (preparación de agua, sal y, a veces, otros condimentos en la que se conserva un alimento) procedente de encurtidos. Finalmente, se estimará la presencia de aditivos en derivados cárnicos, concretamente almidón.

## 4.2. Objetivos

- Realizar experimentos basados en la metodología analítica cualitativa.

- Reconocer las especies iónicas presentes en diferentes matrices con el fin de que se tenga evidencia de su composición cualitativa, destacando la facilidad y rapidez de los ensayos propuestos.

- Iniciarse en el uso de sistemas de respuesta Sí/No *(screening)* o semicuantitativos basados en ensayos directos, tiras reactivas y biosensores.

- Estimar la calidad de la información cualitativa obtenida sobre la composición química en muestras de diferente naturaleza.

## 4.3. Parte experimental

### A) Material y reactivos

| Material | Reactivos |
|---|---|
| Gradilla | NaOH 2M |
| Tubos de ensayo | Cobaltinitrito sódico |
| Espátula | Murexida 1% en NaCl |
| Pinzas de madera | Cloruro de bario 1M |
| Varilla de vidrio | Ácido sulfúrico 1 M |
| 2 placas de ensayo a la gota | Ácido clorhídrico 2 M |
| 4 vasos de precipitado de 100 mL | Permanganato potásico 0,01 M |
| 2 vasos de precipitado de 250 mL | Ácido nítrico concentrado |
| 3 cuentagotas | Molibdato amónico 15% |
| Probeta de 10 mL | Ácido oxálico |
| Tiras reactivas comerciales | Cloruro de calcio 3M |
| Papel indicador | Ácido acético 2 M |
| Placa calefactora | Nitrato de plata 0,1 M |
| | Amoniaco concentrado |
| | Rodizonato sódico 2% (estabilidad 2 días) |
| | Disolución de iodo-iodurada |
| | Muestras alimentarias |

**Disposición de los residuos.** Todos los residuos que genera esta práctica, debido a su baja concentración y toxicidad, se pueden verter por el desagüe.

Antes de proceder a la realización de las determinaciones propuestas, se recomienda la planificación de la tarea a desarrollar.

| | Muestras | Analito | Método |
|---|---|---|---|
| 1 | Agua | Nitrato ($NO_3^-$) y nitrito ($NO_2^-$) | Tira reactiva |
| 2 | Tomate | Glucosa | Biosensor |
| 3 | Vino / Salmuera | Sulfato ($SO_4^{2-}$) | Reacción de precipitación selectiva |
| 4 | Vino / Salmuera | Fosfato ($PO_4^{3-}$) | Reacción de precipitación selectiva |
| 5 | Vino / Salmuera | Cloruro ($Cl^-$) | Reacción de precipitación selectiva |
| 6 | Vino / Salmuera | Carbonato ($CO_3^{2-}$) y bicarbonato ($HCO_3^-$) | Reacción de precipitación selectiva |
| 7 | Vino / Salmuera | Potasio ($K^+$) | Reacción de precipitación selectiva |
| 8 | Vino / Salmuera | Calcio ($Ca^{2+}$) | Reacción de formación de complejo selectiva |
| 9 | Vino / Salmuera | Materia orgánica | Reacción redox selectiva |
| 10 | Productos cárnicos | Almidón | Reacción redox selectiva |

Realizar <u>fotografías</u> de los distintos ensayos.

## B) Métodos basados en tiras reactivas y biosensores

## B.1) Determinación semicuantitativa de nitratos y nitritos en aguas

Según la Directiva 75/440/CEE, se consideran aguas contaminadas por nitratos para consumo humano aquellas que presentan una concentración superior a los 50 mg/L.

La determinación semicuantitativa del contenido en nitratos utilizando formatos de tiras reactivas permite el análisis *in situ* de aguas de forma rápida y por personal no cualificado, lo que facilita el conocimiento de los niveles de este parámetro. Así, permite conocer día a día los niveles de nitrato en las aguas de consumo, con lo que puede evitarse la aparición de riesgos para la salud.

### Fundamento

El nitrato presente en la muestra se reduce a nitrito mediante un agente reductor impregnado en la tira reactiva. El nitrito en presencia de un tampón ácido forma ácido nitroso, que diazotiza una amina aromática. Esta amina se acopla con N-(1-naftil) eltilendiamina formando un compuesto coloreado rojo-violeta que se observa en la zona reactiva de la tira correspondiente.

La presencia de nitritos en la muestra afecta al resultado; por ello, en las varillas indicadoras se encuentran dos zonas de reacción. La zona más próxima al extremo de la varilla muestra la determinación conjunta de nitrato y nitrito, mientras que la otra zona (la más próxima a la mano) indica la presencia de nitrito. La aparición de una coloración rosa a violeta rojizo indica la presencia de nitrito interferente en la muestra de agua, lo que deberá considerarse para la correcta interpretación de los resultados.

### Procedimiento

Introducir una tira en la muestra de agua problema, eliminar el exceso de muestra agitando la tira con la mano y esperar un minuto.

*Determinación semicuantitativa. Estimación visual*. Cada color corresponde a un rango de concentración, permitiendo la estimación del contenido en nitratos y nitritos presente en el agua. Comparar el resultado obtenido en la tira con el de la escala de colores dada por el fabricante. Si la concentración es superior al máximo de escala, realizar diluciones sucesivas de la muestra, utilizando para ello el material volumétrico disponible. Anota el intervalo de concentraciones observado en el análisis.

*Determinación cuantitativa. Medida instrumental*. El protocolo de medida será explicado por el profesor de acuerdo con las instrucciones de manejo del equipo utilizado (refractómetro). Anota el valor estimado (mg/L).

En el caso de que haya interferencia de nitritos estos se eliminan de la siguiente forma: añadir a 1 mL de la disolución problema una gota de disolución al 10 % de ácido amidosulfúrico y agitar.

| Muestra | Rango de concentración (mg/L) | Valor estimado (mg/L) |
|---------|-------------------------------|-----------------------|
| 1       |                               |                       |
| 2       |                               |                       |

## B.2) Determinación del contenido en glucosa

La determinación del contenido en glucosa, especialmente en sangre, es muy importante para el ser humano, ya que descompensaciones en los niveles de azúcar pueden generar una gran cantidad de problemas de salud (ceguera, pérdida de equilibrio, etc.). El uso de test rápidos de determinación de glucosa se está generalizando, de modo que es el propio paciente el que puede conocer los niveles que presenta sin necesidad de acudir a su centro de salud. Por ello son muchas las firmas que comercializan este tipo de sistemas basados, generalmente, en reacciones enzimáticas y detección amperométrica.

Estos sistemas tienen otras aplicaciones interesantes como por ejemplo la determinación de glucosa en tomate, que permite conocer de un modo rápido y sencillo su contenido aproximado en este parámetro.

### Fundamento

Debido a la acción capilar, al poner en contacto una gota de muestra con el micro sensor, ésta es transportada hacia su interior. La glucosa contenida en la muestra reacciona con la enzima glucosa oxidasa produciendo $H_2O_2$ que reduce el ión ferricianuro a ferrocianuro, el cual origina una corriente eléctrica que es proporcional a la concentración de glucosa en la muestra.

$$H_2O_2 + 2H^+ + 2\,e^- \rightarrow 2H_2O$$

$$Fe^{2+} \rightarrow Fe^{3+} + 1\,e^-$$

### Procedimiento

Seguir las instrucciones del equipo a utilizar y anotar los resultados.

| Muestra | Dilución | Glucosa (mg/dL) |
|---|---|---|
| Tomate | | |

## C) Análisis cualitativo de aniones y cationes en vinos y salmueras

Los análisis se realizarán en cada una de las muestras proporcionadas. Paralelamente, se realizará los ensayos en blanco para cada especie iónica añadiendo el correspondiente reactivo en agua desionizada.

Es interesante conocer el pH de las muestras antes de iniciar los ensayos de reconocimiento. Esta determinación se hará con papel indicador.

### C.1) Reconocimiento del ión sulfato

### Fundamento

El ión sulfato ($SO_4^{2-}$) en presencia de $Ba^{2+}$ da lugar a un precipitado blanco, insoluble al hervirlo en HCl 2 M.

$$Ba^{2+} + SO_4^{2-} \rightarrow BaSO_4\downarrow$$

**Procedimiento**

Verter 2 mL de muestra problema en un tubo de ensayo y añadirle 10 gotas de cloruro de bario 1M. Observar la reacción, si aparece precipitado añadirle 5 gotas de HCl 2 M y calentar a ebullición, utilizando un mechero o una placa calefactora.

La formación de un precipitado blanco, insoluble en HCl, o la aparición de una turbidez blanquecina indican la presencia de ión sulfato.

## C.2) Reconocimiento del ión fosfato

**Fundamento**

El ion fosfato ($PO_4^{3-}$) origina un precipitado con el molibdato amónico. Para la formación del precipitado se requiere una elevada acidez nítrica. En disoluciones diluidas es necesario calentar suavemente. El precipitado es soluble en álcalis y amoníaco, y en exceso de fosfatos alcalinos.

$$PO_4^{3-} + 12\ (NH_4)_2MoO_4 + 24\ H^+ \rightarrow (NH_4)_3\ PO_4.12\ MoO_3\downarrow + 21\ NH_4^+ + 12H_2O$$

**Procedimiento**

Verter en un tubo de ensayo 2 mL de muestra problema y añadir 10 gotas de ácido nítrico concentrado. Agitar vigorosamente y añadir otras 10 gotas de molibdato amónico al 15 %. Calentar en baño de agua caliente[2].

La formación de un precipitado amarillo indica ión fosfato.

## C.3) Reconocimiento del ión cloruro

**Fundamento**

El ión cloruro ($Cl^-$), en medio ácido, reacciona con el ión plata formando un precipitado blanco cuajoso que oscurece a la luz, es insoluble en ácidos fuertes y se disuelve en exceso de amoníaco, cianuro y tiosulfato. Se puede aumentar la selectividad del ensayo tratando el precipitado con amoníaco y añadiendo a la disolución amoniacal un ácido. Al añadir exceso de amoníaco el precipitado se redisuelve, y al tratar con un ácido vuelve a precipitar el AgCl.

$$Cl^- + Ag^+ \rightarrow AgCl \downarrow$$

**Procedimiento**

Verter en un tubo de ensayo 2 mL de muestra problema y añadir unas gotas de nitrato de plata 0,1 M.

La formación de un precipitado blanco indica ión cloruro.

---

[2] Nota: en ciertas muestras, es necesaria la adición de unas gotas de $HNO_3$ concentrado después de la adición del molibdato amónico.

## C.4) Reconocimiento de los iones carbonato e hidrógenocarbonato

**Fundamento**

La presencia de ion hidrógenocarbonato ($HCO_3^-$) y/o ion carbonato ($CO_3^{2-}$) está condicionada por el pH del medio (pKa =6,35). La forma protonada se encontrará a pH inferiores, la forma desprotonada a pH superiores y ambas a pH intermedios.

La adición de una sal soluble de calcio, como es el cloruro cálcico, origina la precipitación de los iones carbonato ($CO_3^{2-}$) como carbonato de calcio:

$$Ca^{2+} + CO_3^{2-} \rightarrow CaCO_3 \downarrow$$

Al alcalinizar la muestra con NaOH, todo el ión hidrógenocarbonato ($HCO_3^-$) presente se transforma en carbonato, que reacciona con el calcio, precipitando como carbonato de calcio.

$$HCO_3^- + NaOH \rightarrow CO_3^{2-} + Na^+ + H_2O$$

$$Ca^{2+} + CO_3^{2-} \rightarrow CaCO_3 \downarrow$$

**Procedimiento**

<u>Ion carbonato</u>. Tomar 2 mL de problema, añadir 2 gotas de cloruro de calcio 3 M y agitar vigorosamente.

Aparición de un precipitado blanco indica que la muestra contiene ión carbonato.

<u>Ion hidrógenocarbonato</u>. Si en el experimento anterior no ha aparecido precipitado, se añaden dos gotas de NaOH 2M.

Aparición de un precipitado blanco indica que la muestra contiene ión hidrógenocarbonato.

## C.5) Reconocimiento del ión potasio

**Fundamento**

La presencia de ion potasio ($K^+$) se establece por la formación de un precipitado amarillo tras la adición de cobaltinitrito sódico. Los ácidos fuertes destruyen el precipitado y el complejo. Oxidantes y reductores fuertes destruyen el reactivo. El ión amonio da la misma reacción por lo que se debe de eliminar antes de proceder al reconocimiento del potasio.

$$3K^+ + [Co(NO_2)_6]^{3-} \rightarrow K_3[Co(NO_2)_6] \downarrow$$

**Procedimiento**

Tomar 2 mL de problema, si el pH fuera básico neutralizar con ácido acético 2M y añadir después un ligero exceso. Agregar a la disolución unos cristales de cobaltinitrito sódico y agitar

La formación de un precipitado amarillo-naranja indica ión potasio.

## C.6) Reconocimiento del ión calcio

### Fundamento

El ión calcio se reconoce mediante dos ensayos diferentes. Previamente es conveniente comprobar que el pH de la muestra problema es próximo a 6,0. Caso de ser muy diferente proceder al ajuste con una disolución ácida o básica.

### *Formación de un complejo con murexida

### Fundamento

La murexida pertenece al grupo de los indicadores denominados metalocrómicos, y presenta un color rojo vino con el $Ca^{2+}$ debido al complejo formado con este catión

$$Ca^{2+} + murexida\ (NH_4C_8H_4N_5O_6) \rightarrow complejo\ Ca^{2+}/murexida\ (rojo)$$

### Procedimiento

Poner en un tubo de ensayo 2 mL de muestra problema y añadir una punta de espátula de reactivo murexida.

La aparición de una coloración rojo indica $Ca^{2+}$.

### *Formación de un precipitado con oxalato

### Fundamento

El reactivo oxalato precipita al calcio en medio débilmente ácido (pH 3,5).

$$Ca^{2+} + C_2O_4^{2-} \rightarrow CaC_2O_4 \downarrow$$

### Procedimiento

A otro tubo de ensayo conteniendo 2 mL de muestra problema se le añaden 2-3 gotas de ácido acético y una punta de espátula de ácido oxálico.

La aparición de un precipitado blanco pulverulento insoluble en ácido acético indica ion calcio

## C.7) Reconocimiento de materia orgánica

### Fundamento

Los grupos reductores presentes en las moléculas que constituyen la materia orgánica (MO) son oxidados por la acción del permanganato potásico (violeta), el cual se reduce a $Mn^{2+}$ en medio ácido.

$$MnO_4^- + 8\ H^+ + MO\ (red) \rightarrow Mn^{2+} + 4\ H_2O + MO\ (ox)$$

### Procedimiento

Verter en un tubo de ensayo 1 mL de muestra problema y añadir 4 mL de ácido sulfúrico 1 M. Adicionar 3 gotas de permanganato potásico 0,01 M. Calentar en baño de agua caliente.

Decoloración del reactivo oxidante indica presencia de materia orgánica.

## D) Detección de aditivos en productos cárnicos

## D.1) Identificación de almidón en productos cárnicos

### Fundamento

El almidón es una macromolécula que está compuesta por dos polímeros distintos de glucosa, la amilosa (en proporción del 25 %) y la amilopectina (75 %). El almidón también es muy utilizado en la industria alimentaria como aditivo para algunos alimentos. Tiene múltiples funciones, entre las que destacan: adhesivo, ligante, enturbiante, formador de películas, estabilizante de espumas, conservantes para el pan, gelificante, aglutinante, etc. Se utiliza en la fabricación de embutidos y fiambres de baja calidad para dar la consistencia al producto.

El yodo ($I_2$) en presencia de yoduro ($I^-$) en disolución forman iones triyoduro ($I_3^-$), capaz de originar un complejo con el almidón. El complejo tiene forma de hélice con los aniones en su interior.

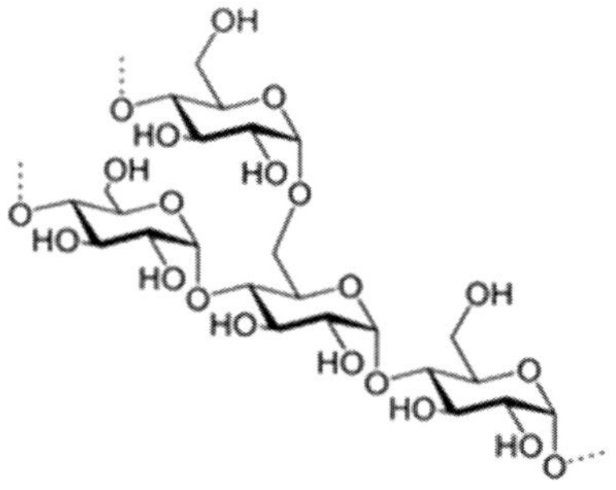

$$+ I_3^- \rightarrow \text{complejo almidón-} I_3^-$$

### Procedimiento

Colocar en la depresión de una placa de ensayo a la gota, una porción (aprox. 1cm x 1cm) de la muestra problema (jamón york, salchichas de Frankfurt, mortadela, fiambre de pavo) y añadir dos gotas de la disolución de iodo-yodurada

Aparición de una coloración azul intensa indica almidón.

## 4.4. Resultados

### Métodos basados en tiras reactivas y biosensores

*Determinación de nitratos y nitritos en aguas*

Completa la tabla indicando ausencia/presencia de nitritos ($NO_2^-$), valor de nitratos ($NO_3^-$) estimado de forma semicuantitativa, el valor de nitratos ($NO_3^-$) según el método cuantitativo.

| Muestra | Tira $NO_2^-$ | M. semicuant. $NO_3^-$ (mg/L) | M. cuantit. $NO_3^-$ (mg/L) |
|---|---|---|---|
|  |  |  |  |
|  |  |  |  |

*Determinación del contenido en glucosa*

Completa la tabla indicando la dilución de la muestra realizada, la lectura registrada con el biosensor (glucosa dilución) y la correspondiente concentración de glucosa en la muestra.

| Muestra | Dilución | Glucosa dilución (mg/dL) | Glucosa muestra (mg/dL) |
|---|---|---|---|
| Tomate | | | |

## Análisis cualitativo de aniones y cationes en vinos y salmueras

Indicar con un signo positivo (+) o negativo (–) en la casilla correspondiente, la presencia o ausencia de los diferentes iones y materia orgánica en cada una de las muestras problema.

| Analitos | Blanco | Control positivo | Salmuera | Vino |
|---|---|---|---|---|
| $SO_4^{2-}$ | | | | |
| $PO_4^{3-}$ | | | | |
| $Cl^-$ | | | | |
| $CO_3^{2-}$ | | | | |
| $HCO_3^-$ | | | | |
| $K^+$ | | | | |
| $Ca^{2+}$ | | | | |
| | | | | |
| M.O. | | | | |

## Detección de aditivos en productos cárnicos

Indicar con un signo positivo (+) o negativo (–) en la casilla correspondiente, la presencia o ausencia del almidón en cada una de las muestras problema.

| Jamón York | Mortadela | Fiambre de Pavo | Salchichas de Frankfurt |
|---|---|---|---|
| | | | |

Adjuntar fotografías de los distintos ensayos realizados.

## 4.5. Cuestiones avanzadas

I.- Propón otros ejemplos concretos de aplicación del procedimiento descrito en la práctica (tipos de muestra, campos de aplicación, productos comerciales, etc.), indicando las problemáticas derivadas en cada caso, y sugiere soluciones a las mismas.

II.- Confecciona una lista que recoja los aniones y cationes mayoritarios que puedan encontrarse en las aguas de bebida y en los vinos blancos.

III.- Indica otras técnicas de *screening* que puedan ser utilizadas en este tipo de matrices.

IV.- En ocasiones los ensayos directos presentan interferencias debidas a la propia matriz o a la presencia de iones que reaccionan con el reactivo utilizado. Pon algún ejemplo e indica como actuarias para resolver el problema.

## Bibliografía

"Química Analítica Cualitativa". Burriel, F., Lucena, F., Arribas, S y Hernández, J. Ed. Paraninfo, 2008.

"Métodos de Análisis de Suelos, Plantas, Aguas y Fertilizantes". Ministerio de Agricultura, Pesca y Alimentación. Tomo III. Madrid, 1995.

"Análisis Químico Cualitativo" (2ª ed.). Harris, D.C. Ed. Reverte, S.A., 2001.

"Fundamentos de Química Analítica" (9ª ed). Skoog, D.A., West, D.M., Holler, F.J. y Crouch, S.R. Ed. Cengage Learning Editors S.A., 2015.

# 5

# Análisis cuantitativo. Determinaciones cuantitativas de interés bromatológico

## 5.1. Introducción

En el campo del análisis de alimentos, muchas veces es importante obtener información cuantitativa de la concentración de determinados componentes o propiedades químicas del alimento. El reto es encontrar las condiciones de medida adecuadas utilizando una propiedad de la molécula de interés que pueda generar un resultado. En análisis cuantitativo, la propiedad debe originar una respuesta proporcional con la cantidad del analito.

$$Señal = f \cdot [analito]$$

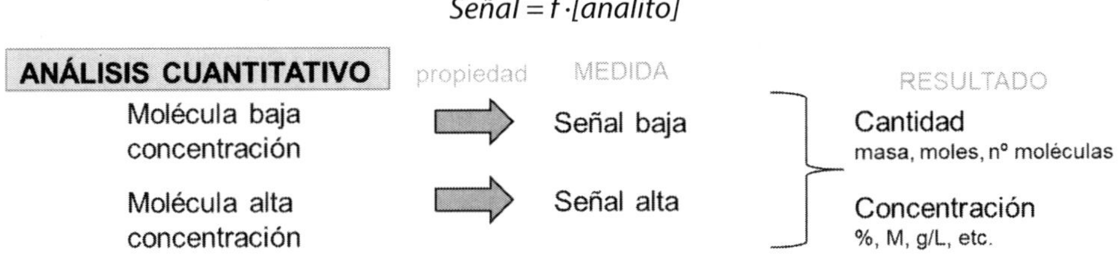


Muchos de los métodos oficiales o de referencia se basan en técnicas cuantitativas clásicas como la gravimetría y la volumetría, así como técnicas instrumentales sencillas como la refractometría. En estos métodos, el resultado numérico se obtiene mediante cálculos basados en leyes que rigen los parámetros físicos y químicos, tales como ley de las proporciones constantes.

Se materializa en <u>fórmulas matemáticas</u> en las que están implicadas tanto constantes como las señales generadas en los procesos de medida químicos.

En esta práctica, se va a realizar la determinación del contenido en agua en harinas mediante gravimetría, la acidez de aceites mediante volumetría y el contenido de azúcares en zumo de una fruta mediante refractometría.

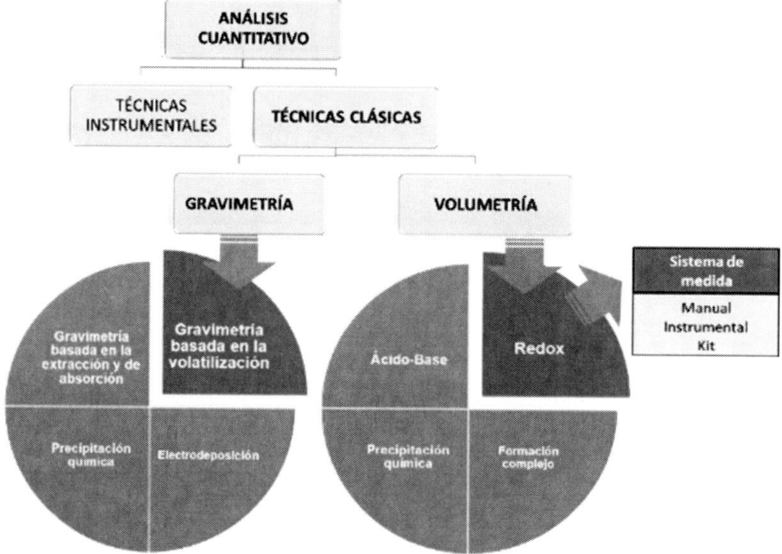


## Contenido en agua mediante gravimetría

El **contenido en agua** de los alimentos naturales varía generalmente entre un 60 y un 95 % y, según su disponibilidad, se encuentra en tres formas: en forma combinada, adsorbida o libre. El agua de combinación se encuentra en los alimentos como agua de cristalización (en los hidratos) o ligada a las proteínas y a las moléculas de sacáridos. El agua adsorbida está asociada físicamente como una monocapa sobre la superficie de los constituyentes de los alimentos y el agua libre, es fundamentalmente un constituyente separado y se pierde con facilidad por evaporación o secado.

Las propiedades de un alimento, como la textura, dependen de la cantidad de agua presente, siendo el contenido de humedad de un alimento un índice de estabilidad del mismo. Asimismo, se utiliza para determinar las condiciones de almacenamiento, sobre todo en los granos, ya que estos no se pueden almacenar con un porcentaje de humedad elevado debido al crecimiento de microorganismos. También es importante en la evaluación de procesos industriales para formular el producto y estimar las pérdidas durante el procesado.

La humedad de un producto se determina convencionalmente por **gravimetría**, evaluando la pérdida de masa, medida con una balanza analítica, que experimenta en condiciones determinadas. Esta técnica se aplica a muestras de harinas, tejidos vegetales, piensos y otros productos similares. En el caso de **harinas**, polvos finos que se obtienen de cereales molidos y de otros alimentos ricos en almidón, el porcentaje de humedad es

7-15 %. Se determina por gravimetría realizando un secado en estufa a 105 ± 1 ºC, hasta peso constante.

$$\% \, Humedad = \frac{m_{agua}}{m_{muestra}} \cdot 100$$

### Concentración de vitamina C mediante volumetría redox

La **vitamina C o ácido ascórbico** es una vitamina hidrosoluble necesaria para el crecimiento y reparación de los tejidos. Es nutriente con actividad antioxidante siendo la ingesta recomendada diaria de 80 a 100 mg en adultos. La vitamina C se encuentra principalmente en alimentos frescos de origen vegetal y, en menor medida, alimentos de origen animal. La cantidad presente se reduce por exposición al calor o al oxígeno, pudiendo alterarse durante el procesado, el envasado y conservación de los alimentos. Por lo tanto, conocer su concentración tiene interés en el sector alimentario, especialmente en el control de productos como zumos y licuados de frutas y hortalizas.

Dadas las propiedades del ácido ascórbico, su concentración se puede determinar mediante una **volumetría redox** utilizando un reactivo oxidante. El **punto de equivalencia** en las valoraciones se deduce a partir del <u>cambio de color del indicador químico</u> o mediante el seguimiento potenciométrico del potencial del medio a medida que tiene lugar la adición del reactivo. Se obtendría una <u>curva de valoración</u> representando el voltaje frente al volumen, presentando un punto de inflexión claramente apreciable cuando el salto es elevado. Si dicho punto de inflexión no se aprecia con facilidad se puede utilizar la representación gráfica de la primera derivada, y de ese modo, el punto de equivalencia coincide con el máximo de la función. Así pues, en el caso de que el color de la muestra impida emplear satisfactoriamente un indicador químico, la detección del punto final se efectuará potenciométricamente a partir de la curva de valoración o su primera derivada.

La reacción de valoración es una yodimetría, es decir, una **valoración de oxidación con yodo** generando ácido dehidroascorbato y iones yoduro. El punto final se obtiene utilizando almidón como indicador porque el yodo en exceso forma un complejo con el almidón de color azul oscuro.

Reacción de valoración

Reacción indicadora: $I_2$ + almidón → complejo negro-azul

La disolución del valorante no es estable con el tiempo y se ha de estandarizar por valoración con <u>tiosulfato</u> que es un reactivo reductor. La reacción de estandarización del valorante redox es:

$$I_2 + 2 \, S_2O_3^{2-} \rightarrow 2 \, I^- + S_4O_6^{-2}$$

Sin embargo, la disolución de tiosulfato de sodio es patrón secundario y se ha de estandarizar por valoración con una cantidad conocida (pesada con exactitud) de un patrón primario. En la práctica, se emplea un reactivo oxidante que es el <u>yodato de potasio</u> $KIO_3$. La reacción de estandarización redox es: $IO_3^- + 6\,H^+ + 6\,S_2O_3^{2-} \rightarrow I^- + 3\,S_4O_6^{2-} + 3\,H_2O$

La concentración de vitamina C se determina aplicando la siguiente expresión:

$$[Vitamina\ C] = \frac{V_{yodo} \cdot [I_2] \cdot f_{yodo}}{V_{muestra}}$$

## Azúcares totales mediante refractometría

La **cantidad total de azúcares** disueltos en el zumo de una fruta informa sobre el grado de maduración de la misma. El contenido total en azúcar se puede obtener directamente en el zumo mediante una técnica instrumental óptica sencilla.

La **refractometría** es una técnica analítica que consiste en la medida del índice de refracción de la muestra. Se basa en el fenómeno de refracción o cambio de la dirección del haz de luz cuando pasa de un medio a otro y está regido por la ley de Snell:

$$n_1\ sen\ \Theta_1 = n_2\ sen\ \Theta_2$$

donde $n_1$ y $n_2$ son los índices de refracción de los dos medios y $\Theta_1$ y $\Theta_2$ son los ángulos de incidencia y de refracción respectivamente.

El índice de refracción n, en un determinado medio, se define como la relación entre la velocidad de la luz en el vacío ($c = 3 \cdot 10^8$ m/s) y la velocidad de la luz en el medio v:

$$n = c/v$$

Al tratarse de una relación, el índice de refracción no tiene unidades, y el valor mínimo que puede tener es 1, porque la luz no se puede mover en ningún medio más rápido que en el vacío.

El índice de refracción del agua a 20 ºC es de 1,33. Si al agua pura le añadimos un soluto (por ejemplo, azúcares), el índice de refracción cambia dependiendo de la concentración total de sustancias disueltas. Por lo tanto, la determinación del índice de refracción ofrece información sobre la pureza de una sustancia, pero no sobre la composición exacta de la misma. Haciendo la suposición de que la totalidad de sólidos disueltos en el zumo es azúcar, se puede estimar la concentración de azúcares en la muestra, expresada en porcentaje. Dado que el índice de refracción depende de la temperatura, se debe realizar una corrección si la medida se lleva a cabo a una temperatura distinta a 20 ºC. Cada sustancia tiene un comportamiento térmico específico y por tanto, debe aplicarse una corrección distinta.

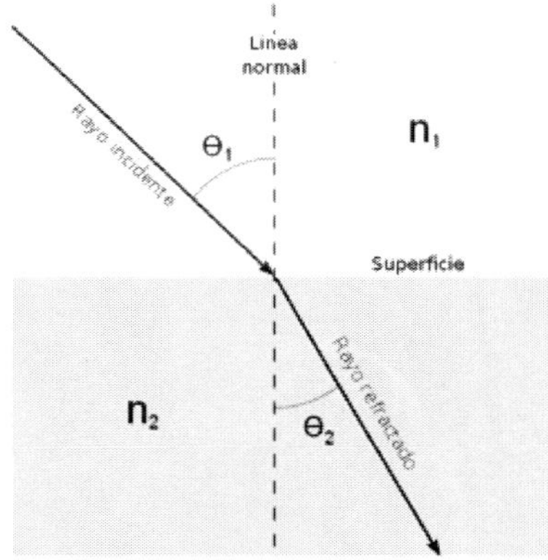

Esquema del fenómeno de refracción

Refractómetro de Abbe

El refractómetro es el instrumento que se utiliza para determinar índices de refracción. El más empleado en el laboratorio es el refractómetro de Abbe, pudiendo realizarse la medida en el propio campo de cultivo o como sistema de control de materia prima en la industria agroalimentaria.

La determinación de azúcares totales utilizando refractómetros de Abbe resulta muy cómoda pero poco sensible, ya que el equipo mide valores de porcentaje en masa, en una escala que va de 0 a 32%, si bien las subdivisiones de la escala aprecian hasta 0,2% i.e. 2 g/L. Por lo tanto, el porcentaje de azúcares (%) en el extracto se determina directamente sobre la escala proporcionada, valor denominado también °Brix.

## 5.2. Objetivos

En esta práctica se trata de determinar distintos parámetros de interés bromatológico.

- Iniciarse en la determinación experimental de parámetros de calidad de alimentos utilizando la metodología oficial
- Aplicar técnicas cuantitativas clásicas como gravimetría y volumetría
- Determinar en porcentaje de humedad de una muestra de harina
- Profundizar en distintos conceptos de volumetría: punto final, punto de equivalencia, indicador, factor de valoración, etc....
- Determinar la concentración de vitamina C en zumos por volumetría
- Determinar el contenido de azúcares de un zumo por refractometría

## 5.3. Parte experimental

### A) Material y reactivos

| Material | Reactivos |
|---|---|
| Cápsula de porcelana | Indicador de almidón |
| Espátula | Yodato potásico $KIO_3$ sólido patrón primario |
| Estufa | |
| Desecador | Tiosulfato sódico $Na_2S_2O_3$ 0,05 M |
| Pinzas metálicas largas | Yodo $I_2$ 0,005 M en yoduro potásico |
| 1 bureta (10 mL), soporte y pinza | Muestras alimentarias |
| Embudo de plástico | Disolución de iodo-iodurada |
| Agitador magnético | Muestras alimentarias |
| Pipeta automática de 1000 µL y puntas | |
| Pipeta aforada de 5 mL | |
| Cuentagotas | |
| Pipeta aforada de 20 mL | |
| 3 matraces cónico de 100 mL | |
| Refractómetro de Abbe | |
| Pipeta Pasteur | |
| Termómetro | |

### B) Preparación de disoluciones

#### B.1) Almidón 1%

Preparada. Pesar 0.25 g de almidón soluble y disolver en 50 mL de agua destilada caliente.

#### B.2) Disolución de tiosulfto 0,05 M

Preparada. Disolver 1,25 g de tiosulfato de sodio ($Na_2S_2O_3.5H_2O$) y aforar a 100 mL con agua hervida fría.

#### B.3) Disolución de yodo 0,005 M en yoduro potásico

Preparada. Pesar 0,1 g de yoduro potásico y pesar 0,065 g de yodo. Disolver ambos en 100 mL de agua destilada.

### C) Procedimiento

#### C.1) Determinación del porcentaje de humedad de una harina

Pesar en balanza analítica una cápsula de porcelana que previamente se ha desecado en estufa a 105 °C y dejado enfriar en un desecador. Anotar la masa de la cápsula $m_1$.

Añadir unos 4 g de muestra a la cápsula y pesar con una precisión de 0,1 mg. Anotar la masa de la cápsula y la muestra ($m_2$).

Introducir la cápsula con la muestra en la estufa a 105 °C durante 1 hora, al cabo de la cual se deja enfriar en el desecador y se pesa de nuevo. Anotar la masa de la cápsula y la muestra seca ($m_3$). Debe operarse con rapidez para evitar la absorción de humedad del ambiente.

Realizar la determinación por duplicado.

## C.2) Determinación de la concentración de vitamina C mediante volumetría con indicador

***Estandarización de la disolución de tiosulfato.*** Este ensayo se ha realizado antes de comenzar la sesión de prácticas. Se proporciona los datos a los alumnos, para que sean ellos los que hagan los cálculos. Consiste en pesar en balanza analítica una cantidad de 0,1 g de yodato de potasio patrón primario. Añadir aproximadamente 50 mL de agua recién hervida y enfriada y unos 1 g de yoduro de potasio KI. Agitar hasta su total disolución y añadir entonces 10-15 mL de disolución de HCl 1 M. Valorar con la disolución de tiosulfato de sodio 0,05 M hasta que la mezcla se decolore casi por completo, tornándose de color amarillo pardo. Añadir entonces 2 gotas del indicador de almidón y continuar la valoración hasta el punto final, que se alcanza cuando desaparece el color azul.

***Estandarización de la disolución de yodo.*** Pipetear exactamente 1 mL del reactivo de tiosulfato sódico 0,05 M e introducirlos en un matraz cónico. Añadir aproximadamente 20 mL de agua desionizada y 1 mL del indicador de almidón. Valorar con la disolución de yodo 0,005 M añadiendo gota a gota y con constante agitación hasta el viraje a azul oscuro.

Cada estudiante hará una determinación del factor de la disolución de yodo, y con todos los valores de la sesión de prácticas se determinará el promedio.

***Preparación de muestra: zumos.*** Colar el zumo si contiene mucha pulpa o semillas. Con pipeta aforada, tomar una alícuota de la muestra dependiendo el tipo de alimento estudiado (5-20 mL), e introducirla en un matraz cónico.

***Preparación de muestra: frutas y vegetales.*** Pesar 100 g de muestra, cortar en trozos pequeños y licuar. Transferir el licuado en un vaso previamente pesado y anotar la masa del licuado. Tomar una alícuota de la muestra de 2 g, anotar la masa e introducirla en un matraz cónico.

***Valoración de la muestra.*** Al matraz con la muestra, agregar aproximadamente 50 mL de agua desionizada y 1 mL del indicador de almidón. Valorar con la disolución de yodo 0,00 5M. El punto final se identifica por viraje del indicador a color negro-azul. Dado que la muestras presentan color, el punto final corresponde con un oscurecimiento permanente de la disolución. Realizar el experimento por triplicado.

## C.3) Determinación del contenido total en azúcar mediante refractometría

La medida de los azúcares totales se realiza poniendo una gota de la muestra de zumo sobre el prisma del refractómetro, cerrando la tapa del mismo suavemente y observando a través del ocular, dirigiendo el aparato hacia una fuente luminosa. Sobre una escala graduada aparecerá la línea de separación entre una zona luminosa y otra más oscura. Enfocando adecuadamente el instrumento hasta que dicha línea de separación sea lo más nítida posible.

Anotar el valor leído directamente sobre la escala, valor también denominado °Brix. Realizar el experimento por triplicado. Medir la temperatura del zumo exprimido con el termómetro y anotar el valor.

### C.4) Determinación de la concentración de vitamina C mediante volumetría potenciométrica

***Preparación de muestra.*** Pesar unos 100 g de muestra (fruta o verdura), cortar en trozos pequeños y licuar. Transferir el licuado en un vaso previamente pesado y anotar la masa del licuado.

***Preparación instrumento electroquímico.*** Quitar tapa el electrodo y lavar el electrodo con agua destilada. Seleccionar el modo de medida de potencial (mV) en modo continuo.

***Valoración con la disolución de yodo.*** En un vaso de precipitados de 100 mL, pesar unos 2 g de muestra (licuado de pimiento), agregar aproximadamente 40 mL de agua destilada. Introducir el electrodo y el imán en el interior del vaso, de modo que se pueda leer el potencial correctamente y sin dañar el electrodo. Añadir 1 mL de disolución indicadora de almidón para realizar también la determinación del punto final visualmente.

Realizar adiciones del valorante de forma secuencial, anotando el volumen añadido y el potencial medido. Inicialmente las adiciones recomendadas son de 0,5 mL, mientras que en la región próxima al punto de equivalencia son de 0,1 mL. Tras superar la región del punto de equivalencia, proseguir la valoración hasta potencial constante con adiciones secuenciales de 0,5 mL de reactivo valorante.

| V(mL) | 0,0 | 0,5 | 1,0 | 1,5 | | | | | | | | | | |
|---|---|---|---|---|---|---|---|---|---|---|---|---|---|---|
| $\Delta$E (mV) | | | | | | | | | | | | | | |
| V(mL) | | | | | | | | | | | | | | |
| $\Delta$E (mV) | | | | | | | | | | | | | | |

A lo largo de la valoración, evaluar el cambio de coloración de la muestra para también determinar el punto final obtenido mediante indicador químico.

### D) Cálculos

### D.1) Cálculo del porcentaje de humedad

La determinación de la humedad, en tanto por ciento de pérdida de agua, se obtiene aplicando la siguiente fórmula:

$$Humedad\ (\%) = \frac{m_2 - m_3}{m_2 - m_1} \cdot 100$$

siendo:

$m_1$: masa en g de la cápsula vacía

$m_2$: masa inicial en g de la cápsula y la muestra

$m_3$: masa en g de la cápsula y la muestra después de secado

## D.2) Cálculo de la concentración de vitamina C (volumetría con indicador)

Las reacciones son:

$$I_2 + 2\,S_2O_3^{2-} \rightarrow 2\,I^- + S_4O_6^{-2}$$

Dada la relación estequiométrica 1:2 en la estandarización del valorante, el **factor de corrección** de la disolución de yodo ($f_{yodo}$) se calcula como:

$$n_{yodo} = \tfrac{1}{2}\,n_{tiosulfato} \qquad f_{yodo} = \frac{f_{tiosulfato}\cdot[S_2O_3^{2-}]\cdot V_{tiosulfato}}{2\cdot V'_{yodo}\cdot[I_2]}$$

Siendo $V_{tiosulfato}$ el volumen de reactivo añadido (L), $f_{tiosulfato}$ el factor de corrección del valorante proporcionado y $V'_{yodo}$ el volumen consumido (L).

Dada la relación estequiométrica 1:1, la **cantidad** de la vitamina C valorada se calcula como:

$$n_{vitaminaC} = n_{yodo} \qquad n_{vitaminaC} = f_{yodo,promedio}\cdot V_{yodo}\cdot[I_2]$$

Siendo $V_{yodo}$ el volumen de valorante consumido en la valoración de la muestra (L) y $f_{yodo,promedio}$ el factor de corrección del reactivo promedio.

Si el alimento es líquido (zumo), la concentración de vitamina C en la muestra (mg/L) se obtiene como:

$$c_{vitaminaC} = \frac{m_{vitamina\,C(mg)}}{V_{muestra}} = \frac{n_{vitamina\,C}\cdot Mr_{vitaminaC}}{V_{muestra}}\cdot 1000$$

Siendo $Mr_{vitaminaC} = 176.12$ g/mol y $V_{muestra}$ el volumen de muestra añadida (L).

## D.3) Cálculo del contenido total en azúcares

El equipo proporciona los grados Brix para una temperatura de 20ºC. Para realizar la corrección en función de la temperatura del experimento, se utiliza la siguiente tabla.

$$\text{Porcentaje corregido} = \text{Porcentaje leído} + \text{Corrección}$$

TABLA DE COMPENSACIÓN DE LA TEMPERATURA

| % | 5 | 10 | 15 | 20 | 25 | 30 | 35 | 40 | 45 | 50 | 55 | 60 | 65 | 70 |
|---|---|----|----|----|----|----|----|----|----|----|----|----|----|----|
| °C | | | | | | | | | | | | | | |
| 15 | -0,29 | -0,31 | -0,33 | -0,34 | -0,34 | -0,35 | -0,36 | -0,37 | -0,37 | -0,38 | -0,39 | -0,39 | -0,40 | -0,40 |
| 16 | -0,24 | -0,25 | -0,26 | -0,27 | -0,28 | -0,28 | -0,29 | -0,30 | -0,30 | -0,30 | -0,31 | -0,31 | -0,32 | -0,32 |
| 17 | -0,18 | -0,19 | -0,21 | -0,21 | -0,21 | -0,21 | -0,22 | -0,22 | -0,23 | -0,23 | -0,23 | -0,23 | -0,24 | -0,24 |
| 18 | -0,13 | -0,13 | -0,14 | -0,14 | -0,14 | -0,14 | -0,15 | -0,15 | -0,15 | -0,15 | -0,16 | -0,16 | -0,16 | -0,16 |
| 19 | -0,06 | -0,06 | -0,07 | -0,07 | -0,07 | -0,07 | -0,08 | -0,08 | -0,08 | -0,08 | -0,08 | -0,08 | -0,08 | -0,08 |
| 21 | 0,07 | 0,07 | 0,07 | 0,07 | 0,08 | 0,08 | 0,08 | 0,08 | 0,08 | 0,08 | 0,08 | 0,08 | 0,08 | 0,08 |
| 22 | 0,13 | 0,14 | 0,14 | 0,15 | 0,15 | 0,15 | 0,15 | 0,15 | 0,16 | 0,16 | 0,16 | 0,16 | 0,16 | 0,16 |
| 23 | 0,20 | 0,21 | 0,22 | 0,22 | 0,23 | 0,23 | 0,23 | 0,23 | 0,24 | 0,24 | 0,24 | 0,24 | 0,24 | 0,24 |
| 24 | 0,27 | 0,28 | 0,29 | 0,30 | 0,30 | 0,31 | 0,31 | 0,31 | 0,31 | 0,31 | 0,32 | 0,32 | 0,32 | 0,32 |
| 25 | 0,35 | 0,36 | 0,36 | 0,38 | 0,38 | 0,38 | 0,40 | 0,40 | 0,40 | 0,40 | 0,40 | 0,40 | 0,40 | 0,40 |
| 26 | 0,42 | 0,43 | 0,44 | 0,45 | 0,46 | 0,47 | 0,48 | 0,48 | 0,48 | 0,48 | 0,48 | 0,48 | 0,48 | 0,48 |
| 27 | 0,50 | 0,52 | 0,53 | 0,54 | 0,55 | 0,55 | 0,56 | 0,56 | 0,56 | 0,56 | 0,56 | 0,56 | 0,56 | 0,56 |
| 28 | 0,57 | 0,60 | 0,61 | 0,62 | 0,63 | 0,63 | 0,64 | 0,64 | 0,64 | 0,64 | 0,64 | 0,64 | 0,64 | 0,64 |
| 29 | 0,66 | 0,68 | 0,69 | 0,71 | 0,72 | 0,72 | 0,73 | 0,73 | 0,73 | 0,73 | 0,73 | 0,73 | 0,73 | 0,73 |
| 30 | 0,74 | 0,77 | 0,78 | 0,79 | 0,80 | 0,80 | 0,81 | 0,81 | 0,81 | 0,81 | 0,81 | 0,81 | 0,81 | 0,81 |

## D.4) Cálculo de la concentración de vitamina C mediante volumetría potenciométrica

Dada la relación estequiométrica 1:1, la **cantidad** de la vitamina C valorada se calcula como:

$$n_{vitaminaC} = n_{yodo} \qquad n_{vitaminaC} = f_{yodo,promedio} \cdot V_{yodo} \cdot [I_2]$$

Siendo $V_{yodo}$ el volumen (en litros) de valorante consumido en la valoración de la muestra y $f_{yodo,promedio}$ el factor de corrección promedio del reactivo valorante.

La concentración de vitamina C en la muestra sólida (mg/100 g alimento) se obtiene como:

$$c_{vitaminaC} = \frac{m_{vitamina\ C(mg)}}{m_{muestra}} \cdot 100 = \frac{n_{vitamina\ C} \cdot Mr_{vitaminaC} \cdot m_{licuado}}{m_{alícuota} \cdot m_{muestra}} \cdot 10^5$$

Siendo $Mr_{vitaminaC} = 176.12$ g/mol, $m_{muestra}$ masa de muestra (g), $m_{licuado}$ masa total del licuado (g) y $m_{alícuota}$ masa de la fracción de licuado a valorar (g).

## 5.4. Resultados

### Porcentaje de humedad de la harina

Completar la siguiente tabla a partir de los datos de la masa de la cápsula vacía ($m_1$), la masa inicial de la cápsula y la muestra ($m_2$) y masa de la cápsula y la muestra después de secado ($m_3$).

| Muestra | $m_1$ (g) | $m_2$ (g) | $m_3$ (g) | % humedad |
|---|---|---|---|---|
| Réplica 1 | | | | |
| Réplica 2 | | | | |

Expresar el porcentaje de humedad de la harina.

| RESULTADO |
| --- |
| % humedad = _______ ± _______ |

## Vitamina C (Volumetría con indicador)

Calcular el factor de corrección del yodo individual a partir del experimento de estandarización con tiosulfato.

| Dato $f_{tiosulfato}$ | $V_{tiosulfato}$ | $V_{yodo}$ | $f_{yodo}$ |
| --- | --- | --- | --- |
|  |  |  |  |

Recopilar los factores de corrección de la concentración de la disolución de yodo 0,01M obtenidos por todos los alumnos. Hallar la media con todos los valores. Calcular el porcentaje de error del valor individual ($f_{yodo}$) respecto dicho valor medio ($f_{yodo,promedio}$).

|  | Nº réplicas | Medio | % Error |
| --- | --- | --- | --- |
| $f_{yodo,promedio}$ |  |  |  |

Completar la siguiente tabla a partir de los datos de la valoración redox de la muestra.

|  | $V_{muestra}$ (L) | $V_{yodo}$ (L) | $n_{vitaminaC}$ (moles) | $C_{vitaminaC}$ (mg/L) |
| --- | --- | --- | --- | --- |
| Réplica 1 |  |  |  |  |
| Réplica 2 |  |  |  |  |
| Réplica 3 |  |  |  |  |

| RESULTADO |
| --- |
| **Concentración vitamina C (mg/L) =** _______ ± _______ |

## Contenido total en azúcares del zumo

Completar la siguiente tabla a partir de los datos de la valoración ácido-base y calcula el porcentaje de azúcares (%) en el extracto, expresando como grados Brix.

| *Muestra* | *Lectura ºBrix* | $T_{muestra}$(ºC) | *Compensación T* | *ºBrix* |
| --- | --- | --- | --- | --- |
| Réplica 1 |  |  |  |  |
| Réplica 2 |  |  |  |  |
| Réplica 3 |  |  |  |  |

| RESULTADO |
| --- |
| **Fruta:** _______ |
| **Contenido total en azúcares (ºBrix) =** _______ ± _______ |

## Vitamina C (volumetría potenciométrica)

Elaborar la gráfica potencial (mV) frente a volumen de valorante (mL), establecer el punto de inflexión y estimar el volumen de equivalencia.

Completar la siguiente tabla a partir de los datos y cálculos realizados

| $m_{muestra}$ (g) | $m_{licuado}$ (g) | $m_{alícuota}$ (g) |
|---|---|---|
|  |  |  |

|  | $V_{yodo}$ (L) | $n_{vitaminaC}$ (moles) | $C_{vitaminaC}$ (mg/100g) |
|---|---|---|---|
| **Curva de valoración** |  |  |  |
| **Indicador** |  |  |  |

> **RESULTADO**
> **Concentración vitamina C (mg/100g) =** _______ (método potenciométrico)

## 5.5. Cuestiones avanzadas

I.- Si un alumno dejara a muestra poco tiempo secando, ¿se cometería un error por defecto o por exceso en el cálculo de la humedad? Si se realizará un secado a una temperatura inferior ¿cuáles pueden ser las consecuencias en la determinación? ¿Y se fuera a una temperatura muy superior?

II.- ¿Qué características debe tener la cápsula a utilizar en el ensayo de gravimetría? ¿Se podría utilizar un granatario para realizar esta determinación? Justifica la respuesta.

III.- Razonar si la siguiente afirmación es verdadera o falsa: "La determinación de la humedad de cualquier alimento requerirá el mismo tiempo de secado".

IV.- Indica las principales fuentes de error del método volumétrico utilizado.

V.- Respecto a la volumetría redox, sugiere otros procedimientos que pueden utilizarse para detectar el punto de equivalencia.

VI.- Deducir razonadamente el volumen de valorante necesario si el volumen de muestra empleado fuese el doble.

VII.- Un kiwi tiene un contenido de vitamina C de 500 mg/100 g. Aplicando el procedimiento descrito, ¿qué volumen de valorante consumirá?

VIII.- ¿Por qué la refractometría es un método solamente aproximado para medir la concentración total de azúcar? ¿Por qué da buenos resultados con mostos pero no se puede aplicar a vinos secos? ¿Cómo afectará la presencia de burbujas de aire en la muestra a medir? Justifica la respuesta.

## Bibliografía

"Métodos Oficiales de Análisis". Ed. Ministerio de Agricultura, Pesca y Alimentación. Madrid, 1986.

"Fundamentos de Química Analítica". 2 volúmenes Skoog, D.A., West, D.M. and Holler, F.J.

Ed. Reverté. Barcelona, 2008.

"Analytical Chemistry", (7th Edition) Gary D. Christian, Purnendu K. Dasgupta, Kevin A. Schug Ed. Wiley, 2013.

"Basics of Analytical Chemistry and Chemical Equilibria" Brian M. Tissue. Ed. Wiley, 2013.

**6**

# Tratamiento de datos generados por métodos químicos

## 6.1. Introducción

La experimentación científica implica la realización de ensayos para descubrir, comprobar o controlar un sistema o un proceso en particular. Los experimentos solamente son útiles cuando producen datos que contengan la información de interés, es decir, debe permitir establecer relaciones entre las condiciones de entrada o diseño y la respuesta del experimento.

No obstante, en ocasiones, la interpretación no es evidente si la variación observada en los resultados se debe a un efecto asociado a una variable inducida al sistema o se debe a la existencia de un error experimental. Por lo tanto, el desafío radica en la interpretación precisa de estos datos, ya que la presencia de errores experimentales o variaciones causadas por factores distorsionantes, sean estos conocidos o desconocidos, aleatorios o sistemáticos. En este marco, la práctica está dirigida a cómo abordar de manera rigurosa la interpretación de resultados experimentales, reconociendo la necesidad de discernir entre los efectos genuinos y las posibles fuentes de error que puedan distorsionar la comprensión de los fenómenos estudiados.

La Quimiometría es la disciplina científica que aplica los conocimientos estadísticos a los sistemas químicos con el objetivo de medir y modelar la variabilidad del proceso mediante un modelo probabilístico. Permite potenciar y aumentar el rendimiento del proceso analítico e interpretación de los resultados proporcionados. En la práctica, se aplican métodos estadísticos a conjuntos de datos químicos para discernir patrones significativos entre las variables de interés. Se analiza la variabilidad inherente a los datos, así como estrategias para identificar y corregir posibles sesgos o errores experimentales. Destacan los ensayos de significación que permiten diferenciar cuando no es probable que el resultado generado haya sido debido al azar.

En la práctica, la metodología empleada es el estudio de casos que es una aproximación que permite analizar de manera detallada situaciones particulares. El objetivo es aprender manejando las herramientas estadísticas aplicadas a datos químicos reales y profundizar en la comprensión de fenómenos específicos. Contribuye a la formulación de conclusiones más fundamentadas y también facilita la extrapolación de los hallazgos a contextos más amplios, enriqueciendo así el conocimiento científico.

Los casos proporcionados abordan diversas situaciones en las que las herramientas estadísticas desempeñan un papel fundamental en la interpretación de resultados experimentales en diferentes sectores de la industria alimentaria.

- CASO 1: expresión de un resultado – Sector de las bebidas. Se centra en la presentación de un resultado específico, considerado la incertidumbre asociada.

- CASO 2: tamaño muestral – Sector de frutos secos. La determinación del tamaño adecuado de la muestra es crucial para la validez de los resultados. En este caso, herramientas estadísticas como el cálculo del tamaño muestral permite garantizar que la muestra sea lo suficientemente representativa.

- CASO 3: comparación con valor de referencia – Sector de alimentos funcionales. En situaciones donde se compara un resultado con un valor de referencia, herramientas como las pruebas de hipótesis pueden ser empleadas para evaluar si existen diferencias significativas.

- CASO 4: comparación entre experimentos independientes – Sector cárnico. Este caso se examina las diferencias o similitudes entre diferentes conjuntos de datos obtenidos en experimentos o situaciones particulares. La comparación de resultados entre experimentos independientes se realiza mediante pruebas estadísticas como el test t y el test F.

- CASO 5: comparación entre experimentos pareado – Sector lácteo: En el caso de comparaciones entre experimentos pareados, herramientas estadísticas como el test t pareado pueden ser aplicadas para determinar si existen diferencias significativas entre las mediciones emparejadas.

La interpretación de los resultados se realizará mediante un paquete estadístico denominado StatgraphicsCenturion. Es un potente programa para el análisis de datos, visualización de datos, modelos estadísticos y de análisis predictivo. Es un programa que ofrece completa más de 230 procedimientos, desde las estadísticas más simples a los modelos estadísticos más avanzados. Además, cuenta con una interfaz gráfica de usuario intuitiva y fácil de usar. Esto facilita la navegación y la realización de análisis estadísticos incluso para aquellos usuarios que no son expertos en estadísticas. Proporciona una amplia gama de opciones para la visualización de datos, lo que permite representar gráficamente la información de manera clara y comprensible. Los gráficos pueden ser esenciales para identificar patrones, tendencias o anomalías en los datos.

| | |
|---|---|
| **Valor medio** | $$\bar{x} = \sum \frac{x_i}{n}$$ |
| **Desviación estándar** | $$s = \sqrt{\sum \frac{(x_i - \bar{x})^2}{n-1}}$$ |
| **Estadístico t de Student** | $$t_{cal} = \frac{\bar{x} - \mu}{s}\sqrt{n}$$ |
| **Estadístico F de Fisher** | $$F_{cal} = \frac{s_2^2}{s_1^2}$$ |
| **Estadístico t de Student (diferencias)** | $$t_{cal} = \frac{\bar{d}}{s_D}\sqrt{n}$$ |

## 6.2. Objetivos

- Realizar estudios de casos relacionados con el campo alimentario.
- Manejar herramientas estadísticas aplicadas a datos químicos.
- Interpretar los resultados generados por métodos químicos y tomar decisiones asociadas a los problemas abordados.

## 6.3. Parte experimental

### A) CASO 1.- Expresión de un resultado

**Fundamento**

A partir de las medidas experimentales ($X_1$, $X_2$ ... $X_n$), se obtiene el resultado expresando el valor central descrito por la media y su dispersión descrita por la desviación estándar. El intervalo de confianza es el rango simétrico alrededor de un resultado experimental que describe el rango de valores dentro del cual se obtendrá un nuevo resultado de una nueva medida al repetir el método (o se encontrará el valor considerado como verdadero), para un determinado nivel de probabilidad. Para n medidas, el intervalo de confianza se calcula a partir de la desviación estándar de las medidas (s) y el estadístico t-Student (t) asociado con grados de libertad n-1 y la probabilidad asociada.

$$[\bar{X} - U_x; \bar{X} + U_x] \ siendo \ U_x = \frac{t \cdot s}{\sqrt{n}}$$

El resultado se debe informar descrito por la media y su desviación estándar con sus correspondientes cifras significativas.

$$\text{Resultado: } \overline{x} \pm s \text{ unidad} \qquad \overline{x} = \sum \frac{x_i}{n} \qquad s = \sqrt{\sum \frac{(x_i - \overline{x})^2}{n-1}}$$

**Enunciado del caso**

Para calcular la concentración de taninos totales de un vino se ha aplicado un método colorimétrico, basado en la medida de la absorbancia a 550 nm. Para cada muestra se ha realizado el análisis de 5 réplicas.

Proporciona el resultado del análisis del alimento, expresado en g/L.

**Procedimiento**

- Descarga el correspondiente fichero de datos.

- Selecciona menú *Describir>Datos numéricos>Análisis de una variable*.

- Selecciona los correspondientes (caso_1-1, caso_1-2, caso_1-3, caso_1-4) y Aceptar.

- En el diálogo *"Tablas y Gráficas"*, selecciona *Resumen estadístico* e *Intervalos de confianza*.

- Estudia las cifras significativas de la media y su incertidumbre.

**B) CASO 2.- Tamaño muestral**

**Fundamento**

Existe un número mínimo de réplicas para obtener significación estadística que describen a la población (representatividad) sin obtener información redundante. Para determinar el tamaño muestral, es común realizar un análisis de poder estadístico, que considera los factores como:

- Variabilidad (s): La variabilidad de los datos en la población afecta el tamaño muestral necesario. Si la variabilidad es alta, se puede requerir un tamaño muestral mayor para obtener resultados confiables.

- Nivel de confianza $(1-\alpha)$: Establece qué tan seguro se quiere estar en que los resultados reflejen la verdadera situación en la población Probabilidad a priori asociada a la toma de la decisión correcta. Ej. 95 %

- Margen de error (d): Indica el máximo error admitido que se desea en las estimaciones, expresado como $d = x_{esperado} - x_{real}$.

Los experimentadores utilizan herramientas estadísticas y cálculos para asegurarse de que el tamaño muestral sea lo suficientemente grande como para detectar diferencias significativas si existen.

Una aproximación es un cálculo iterativo considerando que el resultado esperado debe encontrarse en el intervalo de confianza para un determinado nivel de significación (o nivel de confianza).

$$n = \left(\frac{t_\alpha \cdot s}{d}\right)^2$$

**Enunciado del caso**

En una empresa de frutos secos, se realiza un control de calidad midiendo el contenido en fibra y comparándolo con la especificación definida (6,90 g/100 g). Para evaluar si se ha realizado correctamente el asado, se determinará en una serie de muestras de un nuevo lote de cacahuetes. El objetivo es conocer el número de muestras mínimo para realizar dicho ensayo siguiendo tres métodos distintos. El requisito de calidad marcado por la empresa es que el contenido en fibra sea determine con un error relativo máximo del 6% a un nivel de confianza 95 %.

Los métodos poseen una precisión de las medidas de: método 1 de 0,05, método 2 de 0,4 y método 3 de 1,0. ¿Qué método requiere menor número de réplicas? ¿Por qué?

**Procedimiento**

El proceso se realiza tres veces utilizando el valor de desviación estándar para cada método.

- Selecciona menú *Útiles>Determinación Tamaño Muestra>Una muestra*.
- En el diálogo, selecciona *Media Normal*, introduce *Media Hipotética* y *Desv. Std. Hipotética* (método 1 de 0,05, método 2 de 0,4 y método 3 de 1,0)
- En el segundo diálogo, introduce el *Error relativo; Intervalo de confianza* y selecciona *Hipótesis Alterna: No igual; Sigma: Por determinar.*
- Observa el tamaño de muestra requerido (n, observaciones) para cada método.

**C) CASO 3.- Comparación con valor de referencia**

**Fundamento**

Se trata de comparar los resultados de un experimento (baja población) con el obtenido por un método que puede ser tomado como referencia.

Para comparar la media con el valor de referencia, se calcula el parámetro estadístico t de Student a partir de los datos experimentales y se compara con un valor tabulado para aceptar o rechazar la hipótesis.

$$t_{cal} = \frac{\bar{x} - \mu}{s}\sqrt{n}$$

Es comparable si t de Student calculada es inferior o igual a la tabulada $t_{cal} \leq t_{tabiulada}$. También se puede describir en función del valor p. Si el valor p calculado es mayor o igual al límite elegido por significancia estadística (ej. 0,05 para un nivel de confianza del 95 %), entonces el resultado es comparable a la referencia.

## Enunciado del caso

Se está estudiando el desarrollo de un nuevo alimento que mantenga todas las propiedades del alimento original pero que aporten adicionalmente un efecto beneficioso para la salud. El objetivo fue nuevo producto basado en cereales con un contenido en proteínas similar y un contenido en ácido fólico superior. Para el producto original, se han obtenido las siguientes cantidades por 100 g de producto (media ± desviación estándar): 16,8 ± 0,3 g y 257 ±10 mg, respectivamente (100 réplicas). Para el nuevo producto, los valores son: 13,8 ± 0,4 g 265 ± 12 mg, respectivamente (5 réplicas). Se pretende evaluar si existen diferencias significativas entre los contenidos medios entre el producto original (referencia) y el nuevo a un nivel de confianza 95 %.

## Procedimiento

Cuando se dispone de los valores de las réplicas y de la desviación estándar, como alternativa se puede realizar un test de hipótesis de comparación de medias. El proceso se realiza dos veces, es decir, utilizando los contenidos en proteínas o los del ácido fólico.

- Descarga el correspondiente fichero de datos.

- Selecciona menú *Comparar>Dos muestras>Pruebas de Hipótesis*

- Selecciona *Comparar Medias Normales* e *Hipótesis Nula para Diferencias de Medias = 0*.

- Introduce las medias, las desviaciones y el número de réplicas del analito y Aceptar.

- Selecciona *Hipótesis Alterna: No igual; Alfa = 5 %; Asumir sigmas iguales*.

- Observa el valor del estadístico y el p-valor para cada analito. Lee los comentarios (*StatAdvisor*).

## D) CASO 4.- Comparación entre experimentos independientes

### Fundamento

Los experimentos independientes son aquellos que las medidas han sido realizadas en dos conjuntos de elementos distintos.

- <u>Comparación de medias</u>. Se calcula el parámetro estadístico t de Student a partir de los datos experimentales y se compara con un valor tabulado para aceptar o rechazar la hipótesis.

$$t_{cal} = \frac{\overline{X}_1 - \overline{X}_2}{s_p \sqrt{\dfrac{1}{n_1} + \dfrac{1}{n_2}}} \quad \text{siendo} \quad s_p^2 = \frac{(n_1 - 1)s_1^2 + (n_2 - 1)s_2^2}{n_1 + n_2 - 2}$$

Son comparables si t de Student calculada es inferior o igual a la tabulada $t_{cal} \leq t_{\alpha/2,n1+n2-2}$. También se puede describir en función del valor p. Si el valor p calculado es mayor o igual al límite elegido por significancia estadística (0,05 para un nivel de confianza del 95 %), entonces los resultados son comparables.

- <u>Comparación de desviaciones estándar</u>. Se calcula el parámetro estadístico F de Fisher a partir de los datos experimentales de ambos experimentos y se compara con un valor tabulado para aceptar o rechazar la hipótesis.

$$F_{cal} = \frac{s_2^2}{s_1^2}$$

Son comparables si F Fisher calculada es inferior o igual a la tabulada $F_{cal} \leq F_{\alpha/2,n1+n2-2}$. También se puede describir en función del valor p. Si el valor p calculado es mayor o igual al límite elegido por significancia estadística (0,05 para un nivel de confianza del 95 %), entonces los resultados son comparables.

## Enunciado del caso

Una empresa tiene dos posibles proveedores de productos cárnicos. En su laboratorio utilizan un método que permite obtener la concentración de iones $K^+$ en muestras cárnicas. Para comparar ambos proveedores, realizan un experimento donde mide el contenido de $K^+$ de una muestra de carne de cada proveedor. El objetivo es establecer si existen diferencias entre los dos proveedores o no, a un nivel de confianza 95 %.

## Procedimiento

- Descarga el correspondiente fichero de datos.
- Dado que corresponde a datos de muestras de dos proveedores distintos, selecciona menú *Comparar>Dos muestras>Muestras independientes*.
- Selecciona como *Datos*, las dos variables en estudio (caso_4a y caso_4b) y Aceptar.
- En el diálogo *"Tablas y Gráficas"*, selecciona *Resumen estadístico, Comparación de Medias, Comparación de Desviaciones Estándar y Gráfico Caja y Bigotes*.
- Observa los valores de los estadísticos y los p-valores para cada test. Lee los comentarios (*StatAdvisor*).

## E) CASO 5.- Comparación entre experimentos pareados

## Fundamento

Los experimentos pareados o dependientes son aquellos que las medidas han sido realizadas en el mismo conjunto de elementos.

Para comparar las medias, se calcula el parámetro estadístico t de Student a partir de los datos experimentales y se compara con un valor tabulado para aceptar o rechazar la hipótesis.

$$t_{cal} = \frac{\overline{d}}{s_D} \sqrt{n} \quad \text{siendo d la diferencia para el mismo elemento}$$

**Enunciado del caso**

Han diseñado un nuevo recipiente de transporte de productos lácteos, pero se piensa que puede originar variaciones en el contenido en grasa. Se ha realizado un experimento donde se ha determinado el contenido en grasa de yogures líquidos almacenados de forma paralela en envases tradicionales (serie a) y los elaborados utilizando el nuevo material (serie b). El objetivo es concluir si existe algún efecto debido al nuevo envase con un nivel de confianza del 95 %.

**Procedimiento**

- Descarga el correspondiente fichero de datos.
- Dado que corresponde a datos de las mismas muestras sometidas a dos procesos en paralelo, selecciona menú *Comparar>Dos muestras>Muestras pareadas*.
- Selecciona como *Datos*, las dos variables en estudio (caso_5a y caso_5b) y Aceptar.
- En el diálogo *"Tablas y Gráficas"*, selecciona *Resumen estadístico*, *Prueba de Hipótesis* y *Gráfico Caja y Bigotes*.
- Observa el valor del estadístico y el p-valor para el test t. Lee los comentarios (*StatAdvisor*).

## 6.4. Resultados

### A) CASO 1.- Expresión de un resultado

Expresa el resultado con las correspondientes cifras significativas.

|  | Vino 1 | Vino 2 | Vino 3 | Vino 4 |
|---|---|---|---|---|
| Intervalo de confianza |  |  |  |  |
| Taninos totales (g/L) |  |  |  |  |

## B) CASO 2.- Tamaño muestral

Indica el tamaño muestral estimado para el control de calidad midiendo el contenido en fibra.

| | | |
|---|---|---|
| Escenario 1. Método de precisión alta en las medidas | $\sigma = 0.05$ | |
| Escenario 2. Método de precisión media en las medidas | $\sigma = 0.4$ | |
| Escenario 3. Método de precisión baja en las medidas | $\sigma = 1.0$ | |

Interpreta los resultados obtenidos y razona qué método recomendarías.

## C) CASO 3.- Comparación con valor de referencia

Indica los resultados de los tests t que compara el producto original y el nuevo producto funcional.

| | Valor $t_{experimental}$ | p-valor |
|---|---|---|
| Proteínas | | |
| Ácido fólico | | |

¿Existen diferencias significativas entre los contenidos medios entre el producto original (referencia) y el nuevo a un nivel de confianza 95 %?

Interpreta los resultados obtenidos y razona qué informarías a los responsables del nuevo producto.

## D) CASO 4.- Comparación entre experimentos independientes

Indica los resultados del test t que compara ambos proveedores de productos cárnicos.

| | Valor $t_{experimental}$ | p-valor |
|---|---|---|
| $K^+$ mg/100 g | | |

Interpreta los resultados obtenidos y razona qué informarías al responsable de compras.

## E) CASO 5.- Comparación entre experimentos pareados

Indica los resultados del test t que compara ambos materiales para envases de productos lácteos.

| | Valor $t_{experimental}$ | p-valor |
|---|---|---|
| %grasa | | |

Interpreta los resultados obtenidos y razona qué informarías a los responsables del nuevo envase.

## 6.5. Cuestiones avanzadas

I.- Resuelve el caso, identificando qué tipo de estudio corresponde.

    A. Comparación con un valor de referencia.

    B. Comparación entre experimentos independientes

    C. Comparación entre experimentos pareados o relacionados

Aplicando dos métodos diferentes (A y B) a las mismas muestras, se han obtenido los siguientes resultados.

|  | M1 | M2 | M3 | M4 | M5 | M6 | M7 |
|---|---|---|---|---|---|---|---|
| Método A (mg/g) | 42,1 | 42,3 | 39,8 | 39,9 | 42,1 | 42,4 | 39,7 |
| Método B (mg/g) | 45,0 | 45,3 | 44,7 | 44,8 | 45,2 | 44,9 | 45,0 |

¿Generan ambos métodos resultados significativamente diferentes (95%)?

II.- Un alimento es utilizado como material de referencia para el control de los lotes de producción. En un estudio, se estableció que el material contiene 0,84 ng/g de cobalto con una desviación estándar de 0,02 ng/Kg (n = 70) y se conservó a -20 ºC. Para evaluar si se ha degradado se ha realizado un experimento, obteniéndose: 0,81; 0,83; 0,84; 0,85; 0,85 ng/g (media 0,836 y desviación estándar 0,017). Con un nivel de confianza del 95%, ¿el material se ha conservado correctamente?

III.- Nombra las principales herramientas estadísticas que pueden usarse para el tratamiento de datos químicos generados por técnicas analíticas.

## Bibliografía

"Analytical Chemistry", (7th Edition) Gary D. Christian, Purnendu K. Dasgupta, Kevin A. Schug Ed. Wiley, 2013

"Química Analítica Contemporánea" J. F. Rubinson, K. A. Rubinson, Ed. Pearson Educación, 2000.